全国普通高校通信工程专业规划教材

# 光传输与光接入技术

王岩 张猛 孙海欣 商微微 编著

U0198031

清华大学出版社
北京

## 内 容 简 介

　　光传输与光接入技术虽然层出不穷,日趋成熟,但当今很少有一本新而全的教材可以被使用。为此,作者在编写本教材时,把以往的理论内容作为发展历史让学生增加感性认识,重点讲授当今流行的成熟技术,注意跟踪涉及光传输、光接入技术发展的新技术、新理论。本书注重理论与实验实践相结合,在理论介绍的基础上,加入实践环节,使读者能掌握工作岗位面临的实际问题。作者希望通过对本书内容的讲解,能使读者在光传输与光接入基本技术、光网络规划与建设、光网络设备的测试与管理以及系统的售前售后等方面有比较清晰的认识,对光传输、光接入方面的相关课程能提供一定的辅助作用。

**图书在版编目(CIP)数据**

　　光传输与光接入技术/王岩等编著.—北京:清华大学出版社,2018(2025.1重印)
　　(全国普通高校通信工程专业规划教材)
　　ISBN 978-7-302-48036-5

　　Ⅰ. ①光… Ⅱ. ①王… Ⅲ. ①光传输技术—高等学校—教材 ②光纤通信—宽带通信系统—接入网—高等学校—教材 Ⅳ. ①TN818 ②TN915.62

　　中国版本图书馆 CIP 数据核字(2017)第 207691 号

责任编辑:梁　颖　薛　阳
封面设计:傅瑞学
责任校对:李建庄
责任印制:杨　艳

出版发行:清华大学出版社
　　　网　　址:https://www.tup.com.cn,https://www.wqxuetang.com
　　　地　　址:北京清华大学学研大厦 A 座　　　邮　　编:100084
　　　社 总 机:010-83470000　　　　　　　　　邮　　购:010-62786544
　　　投稿与读者服务:010-62776969,c-service@tup.tsinghua.edu.cn
　　　质量反馈:010-62772015,zhiliang@tup.tsinghua.edu.cn
　　　课件下载:https://www.tup.com.cn,010-83470236
印 装 者:三河市龙大印装有限公司
经　　销:全国新华书店
开　　本:185mm×260mm　　印　张:14.25　　　字　数:315 千字
版　　次:2018 年 7 月第 1 版　　　　　　　　 印　次:2025 年 1 月第 9 次印刷
定　　价:39.00 元

产品编号:076527-01

# 前 言
# Foreword

　　随着电信业务向综合化、数字化、智能化、宽带化和个人化方向发展,人们对电信业务多样化的需求也不断提高,同时由于主干网上 SDH、ATM、无源光网络(PON)及 DWDM 技术的日益成熟和使用,通信技术进入了快速发展阶段。"光传输与接入技术"是电气信息类专业中通信工程等相关专业的一门重要的专业课程,也是很多学校通信与信息系统专业硕士研究生的专业课程,其目的是通过对该课程的学习,使学生掌握飞速发展的各种接入网技术的理论、标准以及协议,为以后从事接入网技术相关工作奠定基础。

　　本书共 8 章,第 1 章主要介绍光纤通信的基本概念、光纤通信系统的基本组成以及光纤通信技术的发展趋势;第 2 章主要讲解光网络中的主要光器件,其中重点说明了光纤的传输原理、导光模式、结构特点以及分类方法,另外也介绍了半导体激光器、光电检测器等常用光器件的作用及特点;第 3 章介绍光传输技术,主要讨论 SDH 技术基本概念以及映射、定位、复用的概念,介绍 SDH 网络的基本网元以及常见的拓扑结构,说明了光传送网的产生以及 OTN 设备的概念、特点等;第 4 章介绍基于 SDH 的光传输实训指导,其中以华为 OptiX 155/622H(METRO 1000)设备为主要实验对象,讲述 SDH 光传输点对点组网配置、SDH 链型组网配置、SDH 环形组网配置等实训实验的内容、方法以及步骤;第 5 章讲述光波分复用系统的原理、关键技术以及常用的 DWDM 网元类型,并分析了掺铒光纤放大器的工作原理和应用;第 6 章主要介绍光接入网的概念、参考模型、网络拓扑结构以及相关技术,讲述无源光接入网的概念、相关器件、网络组成、拓扑结构、技术及应用,重点说明了 EPON、GPON 的工作原理;第 7 章介绍基于 EPON 的光接入实训指导,其中以华为 EPON-MA5680T 设备为主要实验对象,说明了 EPON ONT 注册、EPON 数据业务、EPON 接入用户组网等实训实验的内容、方法以及步骤;第 8 章介绍光接入网的网络规划与设计,讨论了实际工程中包含的施工规范、设备安装以及光缆敷设等常见问题。

　　在本书的编写过程中结合了大量的国内外研究成果,希望读者通过对本书的学习可以对光传输与光接入原理、关键技术以及应用有一个全面的认识。本书在理论知识的基础上,加上了光传输、光接入的实验实训内容,对培养读者的思维能力、创新能力、科学精神以及利用光传输、光接入技术知识解决实际问题的能力有重要的意义。本书尽量避免繁杂的公式推导,力求文字简单明了,并结合大量的图表进行说明,希望可以做到深入浅出地讲解,方便读者学习。

　　参与本书编写的有王岩、张猛、孙海欣、商微微。在本书的编写过程中参考了大量的国内外通信以及光传输与光接入方面的文献,已在参考文献中一一列出,在此表示诚挚的感谢。另外感谢深圳市讯方技术股份有限公司对本书的编写提供了专业的参考意见。也对为本书的编写工作提供过指导与帮助的同事和朋友表示感谢。

由于作者学术水平有限,书中存在不足之处在所难免,恳请广大读者批评指正。

作　者

2018 年 1 月于长春

# 目录
# Contents

V

Ⅵ

# 第1章

# 绪　论

## 1.1　光纤通信概述

就广义的光通信而言,人们对它并不陌生,古时候就有烽火台传递军情,还有利用火光、灯光、镜子反射太阳光等发送信号或传递信息,现代海军还在使用旗语和信号探照灯进行有限距离的联络。不论是哪一种,都是由发信端做某种动作,而接收端用视觉确认其意义来达到传输信息的目的。现代通信所要传递的信息,要比这些复杂得多。早在1880年,以发明电话而著名的贝尔就曾发明了一种以太阳光为媒介、以空气为介质的光电话装置,通话距离达到213m。贝尔称这是他"最伟大的发明"。

后来,采用弧光灯作为光源,光的强度增加并且稳定了,通信距离得到延长,可以达到数千米,这是最初的光通信形式。以后,随着光电管和放大器的出现,促成了采用在发送端对光源(灯泡或弧光灯)的明暗度进行电调制、在接收端用光电管接收光信号后复原成电信号并进行放大的办法。这种办法是在发送端将要传送的电信号变换成光信号,使之能以光的形式传送,而在接收端通过光检波器再恢复为电信号。这种方式已经跟现在的光传输基本形式相同了。但由于光源和介质的原因,很难得到发展。使用灯泡作光源,调制速度是有限的,大概只能载运一路或稍多一点儿的音频信号。另外,传输距离也因光束发散而受到限制,更何况光在空气中传播,还要受到散射或吸收而遭受衰减。1960年激光器问世后,情况出现了变化。激光器发出的光不论在时间上还是在空间上相位都是一致的,因而光束发散的情况得到显著改善;同时,激光的调制速度也可达到超高速的程度。同时,激光器的发展速度很快,特别是半导体激光器的商用化使光通信的光源问题有了突破性的发展。但是,以空气作为传输介质,由于天气和环境的影响造成的衰减仍然不可避免,同时由于光传播的方向性极强,使光通信受到地理条件的限制,这就迫使人们寻求建立专门的光传输通道。其间,科学家们研究过介质薄膜波导、射束波导(透镜列、反射镜列、气体透镜列)等各种传输线路,虽然都有实验成果,但都很难达到实用化的目标。1966 年,英籍华人科学家高锟,根据介质波导理论,提出用光纤建立光通道,并指出用石英玻璃等材料制造的光导纤维,其光功率的衰减可低达 20dB/km,这就预示采用光纤进行传输的中继距离完全可能达到千米级的水平。1970 年,美国贝尔实验室与英国电信研究所与美国康宁玻璃公司合作研制成功衰减为 20dB/km 的石英光纤。从此引发了一场通信技术的革命,因此,人们称 1970 年为光纤传输元年。

围绕着光纤通信,各种配套技术(包括低损耗、低色散光纤的制造技术、大容量的光电端机、光纤测量技术、接续技术、传输线路元器件的研制等)也有很大的提高和完善。同时,性能优于石英玻璃的光纤材料的研究也在向实用化发展。例如,氟化物光纤理论上已证实可以将石英光纤的损耗值降低到 1/100 以下,如果达到实用化,将对光通信产生极大影响。

光纤通信之所以会得到快速的发展,是因为它具有许多突出的优点。最明显的优点是制造光纤的材料是地球上含量最丰富的二氧化硅($SiO_2$),这样就节省了大量价格昂贵的有色金属——铜。更重要的是光纤通信具有极大的传输容量和极远的传输距离。这适应了现代社会信息化发展的需要,满足了高速率、超远距离信息传输的要求。除此之外,光纤通信还有抗干扰性好、重量轻、抗辐射、抗腐蚀、保密性能好等优点。这些都是过去金属导线传输线路所难以达到的。

光——实质上就是频率极高的电磁波。电磁波的频谱很宽(如图 1.1 所示),其中波长为 $10^{-3} \sim 10^3 \mu m$,频率为 $10^{11} \sim 10^{17}$ Hz,包括有红外线、可见光、紫外线的热辐射,通常将它们合称为光。现阶段通信用光波是波长为 $0.7 \sim 1.6 \mu m$ 的电磁波,频率为 $10^{14} \sim 10^{15}$ Hz。和微波通信相比,微波的载频为 $10^9 \sim 10^{11}$ Hz,光载频比微波大 $10^4 \sim 10^5$ 倍,因此,容量也要大 $10^4 \sim 10^5$ 倍。光波是通信的最后一个频段,目前在技术上能够使用的频段还很少,因此,光波通信还具有很大的开发潜力。不同波长的光波可选用不同媒质的光纤,目前我们使用的是以 $SiO_2$ 为主体的石英光纤,这种光纤适于波长

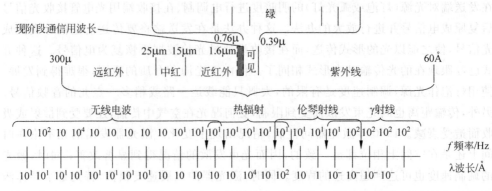

图 1.1  电磁光谱图

小于$3\mu m$的光波传输,但传输损耗不可能小于$0.1dB/km$。而有实验表明,使用以$As_2O_3$(氧化砷)为主体的光纤,适于波长为$3\sim20\mu m$的光波传输,损耗已达到$0.01dB/km$;氟化物光纤的损耗甚至可达到$0.001dB/km$。因此,可以断定,在今后相当长的时间内,光通信将是信息技术研究和发展的主要领域。

光从一种介质射到另一种介质,在两种介质的交界面上会发生折射和反射,如图1.2所示。图中,$Z$为两种介质的交界面,$X$为交界面的法线。入射线、反射线、折射线各在$K_1$、$K_1'$、$K_2$方向;$\theta_1$为入射角,$\theta_1'$为反射角,$\theta_2$为折射角,$\theta_c$称为临界角。入射线、反射线、折射线在同一平面内。$n_1$、$n_2$分别为介质1和介质2的折射率。

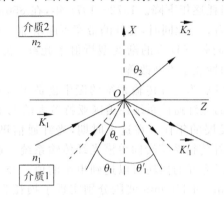

图1.2　光的反射与折射原理

根据斯涅耳定律:$\theta_1=\theta_1'$,也就是说,入射角等于反射角,叫做反射定律。$n_1\sin\theta_1=n_2\sin\theta_2$,这就是折射定律。

当$n_1>n_2$时,也就是光从光密媒质进入光疏媒质时,折射角$\theta_2>\theta_1$;射线离开法线而折射。当$\theta_2=90°$时,射线不再进入第二种媒质,此时的入射角为$\theta_c$;而且$\sin\theta_c=n_2/n_1$,$\theta_c=\arcsin(n_2/n_1)$也就称为临界角,这就是全反射现象。当入射角等于临界角时,光波的能量就不再进入第二种媒质,而沿交界面传送,入射角再加大,能量就全部返回第一种媒质,在第一种媒质中传送,而且入射角等于反射角,这就是全反射的产生条件。光纤正是利用这一全反射原理,将光波限制在纤芯中传送的。

## 1.2　光纤通信系统

光纤是光导纤维的简称。光纤通信是以光波为载频,以光导纤维为传输媒质的一种通信方式。光纤通信使用的波长在近红外区,即波长为$800\sim1800nm$,可分为短波长波段(850nm)和长波长波段(1310nm和1550nm),这是目前所采用的3个通信窗口。

光纤通信是人类通信史上一重大突破,现今的光纤通信已成为信息社会的神经系统,其主要优点是:

(1)光波频率很高,光纤传输频带很宽,故传输容量很大,理论上可通过上亿门话路或上万套电视,可进行图像、数据、传真、控制、打印等多种业务。

（2）损耗小,中继距离长。

（3）不受电磁干扰,保密性好,且不怕雷击,可利用高压电缆架空敷设,用于国防、铁路、防爆等。

（4）耐高温、高压、抗腐蚀,不受潮,工作十分可靠。

（5）光纤材料来源丰富,可节约大量有色金属(如铜、铝),且直径小、重量轻、可挠性好,便于安装和使用。

在20世纪70年代,光纤通信由起步到逐渐成熟,这首先表现为光纤的传输质量大大提高,光纤的传输损耗逐年下降。1972—1973年,在850nm波段,光纤的传输损耗已下降到2dB/km左右;与此同时,光纤的带宽不断增加。光纤的生产从带宽较窄的阶跃型折射率光纤转向带宽较大的渐变型折射率光纤;另外,光源的寿命不断增加,光源和光检测器件的性能也不断改善。

光纤和光学器件的发展为光纤传输系统的诞生创造了有利条件。到1976年,第一条速率为44.7MB/s的光纤通信系统在美国亚特兰大的地下管道中诞生。20世纪80年代是光纤通信大发展的年代。在这个时期,光纤通信迅速由850nm波段转向1310nm波段,由多模光纤传输系统转向单模光纤传输系统。通过理论分析和实践摸索,人们发现,在较长波段光纤的损耗可以达到更小的值。经过科学家和工程技术人员的努力,很快在1300nm和1500nm波段分别实现了损耗为0.5dB/km和0.2dB/km的极低损耗的光纤传输。同时,石英光纤在1300nm波段时色度色散为零,这就促使1300nm波段单模光纤通信系统的迅速发展。各种速率的光纤通信系统如雨后春笋般在世界各地建立起来,显示出光纤通信优越的性能和强大的竞争力,并很快替代电缆通信,成为电信网中重要的传输手段。

光纤通信技术的发展,大致可以分为3个阶段。

第一阶段(1970—1979年)：光导纤维与半导体激光器的研制成功,使光纤通信进入实用化。1977年美国亚特兰大的光纤市话局间中继系统称为世界上第一个光纤通信系统。

第二阶段(1979—1989年)：光纤技术取得进一步突破,光纤损耗降至0.5dBm/km以下。由多模光纤转向单模光纤,由短波长向长波长转移。数字系统的速率不断提高,光纤连接技术与器件寿命问题都得到解决,光纤传输系统与光缆线路建设逐渐进入高速发展时期。

第三阶段(1989年至今)：光纤数字系统由准同步数字体系(plesiochronous digital hierarchy,PDH)向同步数字体系(synchronous digital hierarchy,SDH)过渡,传输速率进一步提高。1989年掺铒光纤放大器(erbium-doped fiber amplifier,EDFA)的问世给光纤通信技术带来了巨大变革。EDFA的应用不仅解决了长途光纤传输损耗的放大问题,而且为光源的外调制、波分复用器、色散补偿元件等提供能量补偿,这些网络元件的应用,又使得光传输系统的调制速率迅速提高,并促成了光波分复用技术的实用化。

随着我国国民经济建设的持续、快速发展,通信业务的种类越来越多,信息传送的需求量也越来越大,我国光通信的产业规模不断壮大,产品结构覆盖了光纤传输设备、光纤与光缆、光器件以及各类施工、测试仪表与专用工具。可以展望：光纤通信作为一高新技术产业，将以更快的速度发展，光纤通信技术将逐步普及，光纤通信的应用领域将更加广阔。

一个实用的光纤通信系统，要配置各种功能的电路、设备和辅助设施才能投入运行。如接口电路、复用设备、管理系统以及供电设施等等。根据用户需求，要传送的业务种类和所采用传送体制的技术水平等来确定具体的系统结构。因此，光纤通信系统结构的形式是多种多样的，但其基本结构仍然是确定的。图1.3给出了光纤通信系统的基本结构，也可称之为原理模型。

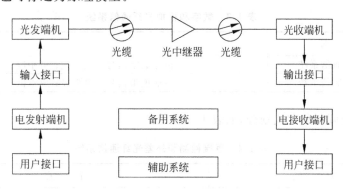

图1.3 光纤通信系统模型

光纤通信系统主要由3部分组成：光发射机、传输光纤和光接收机。其电/光和光/电变换的基本方式是直接强度调制和直接检波。实现过程如下：输入电信号既可以是模拟信号（如视频信号、电话语音信号），也可以是数字信号（如计算机数据、PCM编码信号）；调制器将输入的电信号转换成适合驱动光源器件的电流信号并用来驱动光源器件，对光源器件进行直接强度调制，完成电/光变换的功能；光源输出的光信号直接耦合到传输光纤中，经一定长度的光纤传输后送达接收端；在接收端，光电检测器对输入的光信号进行直接检波，将光信号转换成相应的电信号，再经过放大恢复等电处理过程，以弥补线路传输过程中带来的信号损伤（如损耗、波形畸变），最后输出和原始输入信号相一致的电信号，从而完成整个传送过程。

根据所使用的光波长、传输信号形式、传输光纤类型和光接收方式的不同，光纤通信系统可分成以下多种形式。

（1）按光波长划分，如表1.1所示。

表1.1 短波长和长波长光纤通信系统

| 类 别 | 特 点 |
|---|---|
| 短波长光纤通信系统 | 工作波长为 800～900nm；中继距离≤10km |
| 长波长光纤通信系统 | 工作波长为 1000～1600nm；中继距离>100km |
| 超长波长光纤通信系统 | 工作波长≥2000nm；中继距离≥1000km；采用非石英光纤 |

（2）按光纤特点划分，如表 1.2 所示。

表 1.2　多模和单模光纤通信系统

| 类　别 | 特　点 |
|---|---|
| 多模光纤通信系统 | 传输容量≤100Mb/s；传输损耗较高 |
| 单模光纤通信系统 | 传输容量≥140Mb/s；传输损耗较低 |

（3）按传输信号形式划分，如表 1.3 所示。

表 1.3　数字和模拟光纤通信系统

| 类　别 | 特　点 |
|---|---|
| 数字光纤通信系统 | 传输数字信号；抗干扰；可中继 |
| 模拟光纤通信系统 | 传输模拟信号；短距离；成本低 |

（4）按光调制的方式划分，如表 1.4 所示。

表 1.4　直接检测和外差光纤通信系统

| 类　别 | 特　点 |
|---|---|
| 强度调制直接检测系统 | 简单、经济，但通信容量受到限制 |
| 外差光纤通信系统 | 技术难度大，传输容量大 |

（5）其他划分方式，如表 1.5 所示。

表 1.5　复用类光纤通信系统

| 类　别 | 特　点 |
|---|---|
| 相干光纤通信系统 | 光接收灵敏度高；光频率选择性好；设备复杂 |
| 光波分复用通信系统 | 一根光纤中传送多个单/双向波长；超大容量，经济效益好 |
| 光时分复用通信系统 | 可实现超高速传输；技术先进 |
| 全光通信系统 | 传送过程无光电变换；具有光交换功能；通信质量高 |
| 副载波复用光纤通信系统 | 数模混传；频带宽，成本低；对光源线性度要求高 |
| 光孤子通信系统 | 传输速率高，中继距离长；设计复杂 |
| 量子光通信系统 | 量子信息论在光通信中的应用 |

# 1.3　光纤通信技术的趋势及展望

目前在光通信领域有几个发展热点即超高速传输系统、超大容量波分复用（wavelength division multiplexing，WDM）系统、光传送网技术、新一代光纤、光互联网络（IPover Optical）以及光接入网技术。

**1. 向超高速系统的发展**

目前 10Gb/s 系统已开始大批量装备网络,主要在北美,在欧洲、日本和澳大利亚也已开始大量应用。但是,10Gb/s 系统对于光缆极化模色散比较敏感,而已经铺设的光缆并不一定都能满足开通和使用 10Gb/s 系统的要求,需要实际测试,验证合格后才能安装开通。它的比较现实的出路是转向光的复用方式。光复用方式有很多种,但目前只有波分复用(WDM)方式进入了大规模商用阶段,而其他方式尚处于试验研究阶段。

**2. 向超大容量 WDM 系统的发展**

采用电的时分复用系统的扩容潜力已尽,然而光纤的 200nm 可用带宽资源利用率低于 1%,还有 99% 的资源尚待发掘。如果将多个发送波长适当错开的光源信号同时在一级光纤上传送,则可大大增加光纤的信息传输容量,这就是波分复用(WDM)的基本思路。基于 WDM 应用的巨大好处及近几年来技术上的重大突破和市场的驱动,波分复用系统发展十分迅速。目前全球实际铺设的 WDM 系统已超过 3000 个,而实用化系统的最大容量已达 320Gb/s($2 \times 16 \times 10$Gb/s),美国朗讯公司已宣布将推出 80 个波长的 WDM 系统,其总容量可达 200Gb/s($80 \times 2.5$Gb/s)或 400Gb/s($40 \times 10$Gb/s)。实验室的最高水平则已达到 2.6Tb/s($13 \times 20$Gb/s)。预计不久的将来,实用化系统的容量即可达到 1Tb/s 的水平。

**3. 实现光联网**

上述实用化的波分复用系统技术尽管具有巨大的传输容量,但基本上是以点到点通信为基础的系统,其灵活性和可靠性还不够理想。如果在光路上也能实现类似 SDH 在电路上的分插功能和交叉连接功能的话,无疑将增加新一层的威力。根据这一基本思路,光联网既可以实现超大容量光网络和网络扩展性、重构性、透明性,又允许网络的节点数和业务量的不断增长、互连任何系统和不同制式的信号。

由于光联网具有潜在的巨大优势,美欧日等发达国家投入了大量的人力、物力和财力进行预研,特别是美国国防部预研局(DARPA)资助了一系列光联网项目。光联网已经成为继 SDH 电联网以后的又一新的光通信发展高潮。建设一个最大透明的、高度灵活的和超大容量的国家骨干光网络,不仅可以为未来的国家信息基础设施(national information infrastructure,NII)奠定一个坚实的物理基础,而且也对我国下一世纪的信息产业和国民经济的腾飞以及国家的安全有极其重要的战略意义。

**4. 开发新型的光纤**

传统的 G.652 单模光纤在适应上述超高速长距离传送网络的发展需要方面已暴露出力不从心的态势,开发新型光纤已成为开发下一代网络基础设施的重要组成部分。目前,为了适应干线网和城域网的不同发展需要,已出现了两种不同的新型光纤,即非零色散光纤(G.655光纤)和无水吸收峰光纤(全波光纤)。其中,全波光纤将是以后开发的重点,也是现在研究的热点。从长远来看,宽带无源光网络(broadband passive optical network,BPON)技术无可争议地将是未来宽带接入技术的发展方向,但从当前技术发展、成本及应用需求的实际状况看,它距离实现广泛应用于电信接入网络这一最终目标还会有一个较长的发展过程。

### 5. IP over SDH 与 Ip over Optical

以IP业务为主的数据业务是当前世界信息业发展的主要推动力,因而能否有效地支持IP业务已成为新技术能否有长远技术寿命的标志。目前,ATM和SDH均能支持IP,分别称为IP over ATM和IP over SDH,两者各有千秋。但从长远看,当IP业务量逐渐增加,需要高于2.4Gb/s的链路容量时,则有可能最终会省掉中间的SDH层,IP直接在光路上跑,形成十分简单统一的IP网结构——IP over Optical。3种IP传送技术都将在电信网发展的不同时期和网络的不同部分发挥自己应有的历史作用。但从面向未来的视角看,IP over Optical将是最具长远生命力的技术。特别是随着IP业务逐渐成为网络的主导业务后,这种对IP业务最理想的传送技术将会成为未来网络特别是骨干网的主导传送技术。

### 6. 解决全网瓶颈的手段——光接入网

近几年,网络的核心部分发生了翻天覆地的变化,无论是交换,还是传输都已更新了好几代。不久,网络的这一部分将成为全数字化的、软件主宰和控制的、高度集成和智能化的网络,而另一方面,现存的接入网仍然是被双绞线铜线主宰的(90%以上)、原始落后的模拟系统。两者在技术上存在巨大的反差,制约全网的进一步发展。为了能从根本上彻底解决这一问题,必须大力发展光接入网技术。因为光接入网有以下几个优点:

① 减少维护管理费用和故障率;

② 配合本地网络结构的调整,减少节点,扩大覆盖;

③ 充分利用光纤化所带来的一系列好处;

④ 建设透明光网络,迎接多媒体时代。

总之,今后随着社会经济的不断发展,作为经济发展先导的信息需求也必然不断增长,一定会超过现有网络能力,推动通信网络的继续发展。因此,光纤通信技术在应用需求的推动下,一定会不断地发展。

# 第2章

# 光纤及光器件

## 2.1　光纤原理

简单地讲,光纤传感系统的基本原理就是光线中的光波参数如光强、频率、波长、相位以及偏振态等随外界被测参数的变化而变化,通过检测光纤中光波参数的变化达到检测外界被测物理量的目的。

光纤的完整名称叫做光导纤维,用纯石英以特别的工艺拉成细丝,其直径比头发丝还要细。光束在玻璃纤维内传输,信号不受电磁的干扰,传输稳定。光纤具有性能可靠、质量高、速度快、线路损耗低、传输距离远等特点,适用于高速网络和骨干网。

光纤是一种传输介质,是依照光的全反射的原理制造的。光纤是一种将信息从一端传送到另一端的媒介,是一条以玻璃或塑胶纤维作为让信息通过的传输媒介。通常光纤与光缆两个名词会被混淆。多数光纤在使用前必须由几层保护结构包覆,包覆后的缆线即被称为光缆。光纤外层的保护结构可防止周遭环境对光纤的伤害,如水、火、电击等。光缆分为光纤、缓冲层及披覆。光纤和同轴电缆相似,只是没有网状屏蔽层,其中心是光传播的玻璃芯。在多模光纤中,芯的直径是 15~50mm,大致与人的头发丝粗细相当。而单模光纤芯的直径为 8~10mm。芯外面包围着一层折射率比芯低的玻璃封套,以使光纤保持在芯内。再外面的是一层薄的塑料外套,用来保护封套。光纤通常被扎成束,外面有外壳保护。纤芯通常是由石英玻璃制成的横截面积很小的双层同心圆柱体,它质地脆、易断裂,因此需要外加一保护层。

## 2.1.1 光纤结构及原理

光纤实际是指由透明材料做成的纤芯和在它周围采用比纤芯的折射率稍低的材料做成的包层，并将射入纤芯的光信号，经包层界面反射，使光信号在纤芯中传播前进的媒体。一般是由纤芯、包层和涂覆层构成的多层介质结构的对称圆柱体。光纤有两个主要特性，即损耗和色散。

光纤每单位长度的损耗或者衰减(dB/km)，关系到光纤通信系统传输距离的长短和中继站间隔的距离的选择。光纤的色散反应时延畸变或脉冲展宽，对于数字信号传输尤为重要。每单位长度的脉冲展宽(ns/km)，影响到一定传输距离和信息传输容量。

光纤的结构由两部分组成：中间部分称为"芯子"，外层部分称为"包层"。芯子材料主体是二氧化硅($SiO_2$)，并掺杂极微量的其他材料，如 $GeO_2$(二氧化锗)、$P_2O_5$(五氧化二磷)，掺杂的作用是提高材料的光折射率。包层的材料一般用纯二氧化硅，也有掺杂极微量的 $B_2O_3$(三氧化二硼)，或掺杂极微量的氟，掺杂的作用是降低材料的折射率。

在光纤制造过程中，由于在芯子和包层中掺杂了不同的元素，使得芯子和包层的折射率存在了细微的差别，芯子的折射率略高于包层的折射率，这样，进入光纤的光波才有可能几乎全部限制在芯子内传输。

国际上规定：多模光纤芯子的直径为 $50\mu m$，包层直径为 $125\mu m$；单模光纤芯子的直径在 $11\mu m$ 以下，包层直径也为 $125\mu m$。

光纤芯线——经过涂覆保护后的光纤称为光纤芯线。光缆中的光纤芯线通常称为"光缆纤芯"。

光纤的主要材料是石英玻璃，其本身的机械强度非常低。而我们要将光纤作为光波信号的传输线，就要将光纤集束成光缆，而且使用寿命在 20 年以上。这就要求光纤在成缆和使用过程中不能断裂，传输特性不应恶化。因此需要对光纤进行保护，并提高光纤作为传输线的机械强度。采取的方法是在光纤包层外面增加涂覆层，一般是三层涂覆结构，即一次涂覆、缓冲层和二次涂覆(如图 2.1 所示)。

光纤包层外面的第一层涂覆层是一次涂覆(也称为预涂覆)，涂料是硅酮树脂或丙烯酸环氧树脂，作用是防止光纤表面已有的微小缺陷逐步扩大，增加机械强度，同时可以保护光纤表面免受擦伤。一次涂覆外面是缓冲层，它是一层弹性模量较小的硅酮树脂，起着缓冲作用，可以减少由于温度变化引起光纤微弯，以及由于成缆时的外来侧压力引起光纤微弯，并因而造成光纤损耗的增加。缓冲层外面是二次涂覆(又称套塑)，材料是尼龙，作用是为保护光纤，增加强度，同时将套塑材料染成规定色谱中的不同颜色，以便于纤芯在光缆中的识别和使用。

松包型光纤芯线的结构与紧包型光纤芯线略有不同，松包型光纤芯线的一次涂覆与缓冲层合为一层，也就是松包型光纤芯线没有预涂覆，而且缓冲层涂覆后的直径仅有 $250\mu m$，而二次涂覆(套塑)后的直径却比紧包型光纤芯线要大，可达 $1400\mu m$。两

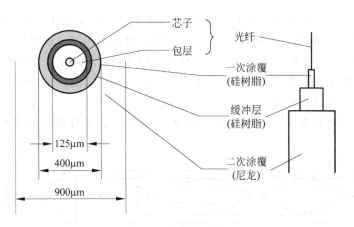

图 2.1　光纤结构图

者结构比较如表 2.1 和表 2.2 所示。

表 2.1　紧包型光纤与松包型光纤尺寸比较

| 结构层外径 | 紧包型光纤芯线/μm | 松包型光纤芯线/μm |
| --- | --- | --- |
| 一次涂覆 | 200 | |
| 缓冲层 | 400 | 250 |
| 二次涂覆 | 900±100 | 1400 |

表 2.2　紧包型光纤与松包型光纤优缺点比较

| 比　较　项　目 | 紧包型光纤芯线 | 松包型光纤芯线 |
| --- | --- | --- |
| 光纤耐过度张力的能力 | | 很好 |
| 耐重压能力 | 相同 | 相同 |
| 耐磨损 | 相同 | 相同 |
| 防止光纤因受潮而过早地老化 | | 很好 |
| 保护光纤经受生产过程的温度变化的能力 | | 较好 |
| 保护光纤经受使用中的温度变化的能力 | | 很好 |
| 接续时剥去光纤涂覆层的难易程度 | | 较好 |
| 光纤接续时便于操作的程度 | 较好 | |

## 2.1.2　光纤的种类

光纤的种类很多，而且随着科学技术的发展，对光纤制造技术的研究也在深入。就目前在实际应用的光纤，大致可分为以下几种类型：

(1) 按传输模分类——多模型(MM)、单模型(SM)。

(2) 按折射率分类——阶跃型(也称突变型)(SI)、渐变型(也称梯度型)(GI)。

(3) 按制造材料分类——石英系光纤、多成分石英光纤、塑料光纤和氟化物光纤。

目前在通信中普遍使用的是石英系光纤,本书主要讨论石英光纤的相关内容。

所谓"模",来源于电磁场的概念,光波实质上也是电磁波。这里所说的"模",实际上是光场的模式。多模光纤可以传输多种模式的光场。用几何光学的概念来说,即它可以传输多种角度的光线。单模光纤则只能传输一种模式的光场(或通俗地称为一种角度的光线),如 HE11 模。

通过图 2.2 和表 2.3 可以了解不同光纤的光折射率分布与光在光纤中传播的情况。

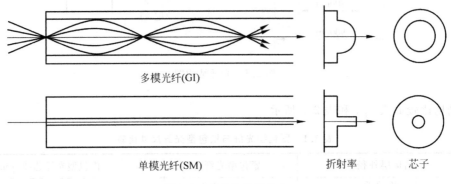

多模光纤(GI)

单模光纤(SM)　　　　　　　　折射率　　　芯子

图 2.2　光纤的种类特点

**表 2.3　石英系光纤的特性**

| 项目 | | 多 模 光 纤 | | 单 模 光 纤 |
|---|---|---|---|---|
| | | 阶跃型(突变型)光纤 | 梯度型(渐变型)光纤 | |
| 折射率分布 | | 纤芯折射率大于包层折射率 | 梯度型(渐变型)光纤,且纤芯折射率呈抛物线分布 | 纤芯折射率大于包层折射率 |
| 光传播 | | 芯径大,光呈多模传播方式 | | 芯径小,光基本呈单模传播方式 |
| 尺寸 /μm | 芯径 | 50 | 50 | ≈10 |
| | 外径 | 125 | 125 | 125 |
| 传输 | 损耗 | 光损耗确定于光纤材料的固有损耗、光波波长 | | |
| | 带宽 | 10～50MHz·km | 数百 MHz～数 GHz·km | >10GHz·km |
| 接续 | | 容易(精度等级≈5μm) | 容易(精度等级≈5μm) | 比较容易(精度等级 1μm) |

1988 年,CCITT(国际电报电话咨询委员会)蓝皮书建议了四种石英光纤,即 G.65 多模光纤、G.652 单模光纤、G.653 1550nm 波长色散位移单模光纤和 G.654 1550nm 最低衰减单模光纤。后来又建议了一种 G.655 非零色散位移单模光纤。

G.651 光纤是多模光纤,在光纤通信系统建设的初期,由于其制造成本低廉,在低速率、短中继的传输系统中被广泛采用,但随着单模光纤制造技术的进步,其成本低廉的优势逐渐丧失,而其低速率传输的特性又不能为系统的速率升级提供保证,因而在以后的建设中已少有采用。

G.652 光纤称为常规单模光纤,它有 1310nm 和 1550nm 两个长波长工作窗口,而 1310nm 波长范围的衰减系数比 1550nm 波长范围的衰减系数要大,但其色散值很小,其典型值不大于 3.5ps/μm,1310nm 称为零色散窗口,G.652 光纤也称为 1310nm 波长零色散光纤。1550nm 叫做低衰减窗口,其衰减系数已接近石英光纤的理论最低值,但其色散值偏大,典型值小于 20ps/μm,目前已生产出色散值达 18ps/(km·nm) 的 G.652 光纤。

G.653 光纤称为色散位移光纤,它是利用 1550nm 波长传输,通过光纤制造技术将零色散移至 1550nm 范围的光纤,这种光纤在 1550nm 波长范围既有低衰减的特性,又有低色散的特性,适用于高速率、长中继的通信传输系统。

G.654 光纤是在 1550nm 波长范围具有最低衰减的光纤。这种光纤适于在海底光缆中使用。

G.655 光纤是非零色散位移单模光纤。这种光纤以其在 1530～1560nm 范围的低色散,有效地抑制了四波混频的产生,满足波分复用技术(WDM)系统的使用,为系统的升级提供保证;其衰减系数在 1550nm 为 0.20dB/km。

2003 年在瑞士日内瓦 ITU 总部召开的 IYU-T SG15 会议上,G.652 光纤被细分为 A、B、C、D 四类;G.655 光纤被细分为 A、B、C 三类,以适应各种光传输网络的发展需要,其衰减特性如图 2.3 所示。

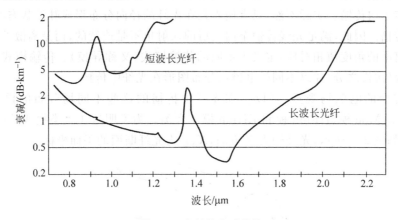

图 2.3  光纤的衰减特性

G.652 A 光纤只适用于 C 波段(1530～1565nm),它可用于 G.957 和 G.691 中传输最高速率为 2.5Gb/s 的系统、G.693 中传输最高速率为 40Gb/s 以及以太网中传输 10Gb/s 的系统(最大传输距离为 40km);G.652C 光纤是一种低水峰光纤,它是在 G.652A 光纤的基础上把应用波长扩展到 S 波段(1360～1530nm),且在 1550nm 衰减系数更低。

G.652B 光纤适用于 C 波段与 L 波段(1530～1625nm),它可用于 G.691 和 G.692 中传输最高速率为 10Gb/s 的系统,以及 G.693 和 G.959 中传输最高速率为 40Gb/s 的系统,但依据不同的应用需要考虑色散补偿;G.652 D 光纤也是一种低水峰光纤,它是在 G.652B 光纤的基础上把应用波长扩展到 S 波段(1360～1530nm),且在 1550nm 的衰减系数与 G.652C 光纤相同。

G.655 A 光纤只适用于 C 波段,它可用于 G.691、G.692、G.693、G.959 中传输最高速率为 10Gb/s 的 SDH 系统,以及以 10Gb/s 为基群、通道间隔≥200GHz 的密集波分复用(dense wavelength division multiplexing,DWDM)系统;G.655 B 光纤适用于 C 波段与 L 波段,它可用于 G.691、G.692、G.693、G.959 中传输最高速率为 10Gb/s 的 SDH 系统,以及以 10Gb/s 为基群、通道间隔≥200GHz 的 DWDM 系统。传输距离可达 400km;G.655 C 光纤类似于 G.655 B 光纤,但由于其偏振模色散要求高,故传输距离可超过 400km。另外,该光纤还支持 G.959 中传输 40Gb/s 的系统。

## 2.2　光纤模式

### 2.2.1　传输模式

从上面的讨论中,似乎只要满足全反射条件,连续改变入射角的任何光射线都能在光纤芯子内传输。实际不然,只有使光强在光纤的径向分布形成驻波状态的那些光线才能传播。因此,满足光线传输全内反射的入射角不是连续的,而是离散的,与这种特定的离散的角度值相对应,定义为不同的传输模式(又称导模)。传输模式有基模、低次模、高次模之分,并以不同的电磁场分布图形在光纤中传播。

从交变的电磁场观点,可以把在光纤中传播的这些不同场分布的模式,分成 TEon 模、TMon 模、HEmn 模和 EHmn 模 4 大类。为说明这 4 大类模式的电磁场分布情况,如图 2.4 所示,光纤轴为 $Z$ 方向,$X$、$Y$ 为光纤断面的平面坐标。

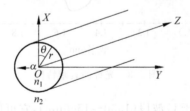

图 2.4　光纤坐标示意图

对 TE 模,它没有沿 $Z$ 轴方向的电场分量($E_z=0$),电场只在光纤横截面上有分量($E_Q$ 和 $E_r\neq0$),磁场则不然,有轴向磁场分量($H_z\neq0$),所以这类波型称为横电波。

对 TM 模,它没有沿 $Z$ 轴方向的磁场分量($H_z=0$),磁场只在光纤横截面上有分量($E_Q$ 和 $E_r\neq0$),而电场有轴向磁场分量($E_z\neq0$),所以这类波型称为横磁波。

HE 模和 EH 模均称为混合模。这两种模式既有电场轴向分量,又有磁场轴向分量($E_z\neq0$,$H_z\neq0$),但 HE 模的纵轴向磁场分量占优势,电场分量较弱,故称为磁优混合模;而 EH 模的纵轴向电场分量占优势,磁场分量较弱,故称为电优混合模。模式

下标 $m$、$n$ 分别代表模式电磁场变化状态的阶数。其中，$m$ 代表电磁场沿方位角向（$\theta$ 方向）变化状态的阶数；$n$ 代表电磁场沿径向（$r$ 方向）变化状态的阶数。当 $m=0$ 时，表明场量沿方位角向不变化，如 $TE_{0n}$ 模，表示在光纤中只能存在场量沿方位角向不变化情况下的 TE 模（横电波）；同样 $TM_{0n}$ 模，表示在光纤中只能存在场量沿方位角向不变化情况下的 TM 模（横磁波）。

光纤中传播的最低阶模是 $HE_{11}$ 磁优混合模，称之为"基模"，其次是 $TE_{01}$ 模、$TM_{01}$ 模和 $HE_{21}$ 模。它们在光纤芯子横截面上的电场分布示意图如图 2.5 所示。

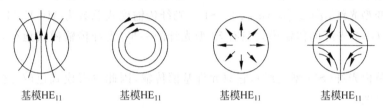

基模$HE_{11}$     基模$HE_{11}$     基模$HE_{11}$     基模$HE_{11}$

图 2.5 光纤芯子横截面上的电场分布示意图

## 2.2.2 多模光纤和单模光纤

由于光纤芯径和芯子折射率分布的不同，光纤被分为多模光纤和单模光纤，多模光纤又分为折射率突变多模光纤（SI 型）和折射率渐变多模光纤（GI 型）两种，单模光纤为（SM 型）。

对折射率突变多模光纤（SI 型），存在许多传输模式，由于不同的模式有不同的能量传输速度，模次越高，其光射线与界面夹角 $\theta$ 越大（锯齿形越陡）；反之，模次越低，射线路径与趋向于光纤轴线。因此，沿光纤轴向传播相同距离，高次模比低次模就需用更多的时间，阶次越高的模越滞后，与低次模间出现时延差，发生所谓的模式色散。模式色散降低光纤传输特性，展宽输入光纤的光脉冲。

对折射率渐变多模光纤（GI 型），是在 SI 型多模光纤基础上加以改善，即在制造光纤时，控制芯子的折射率以 $\sqrt{1-ax^2}$ 的规律分布，这种折射率的分布使得不同阶次的模式在光纤中的传输速度发生变化，远轴处光射线（高次模）传输的路径长，由于其经过折射率小的区域，传输速度加快；相反，近轴处光射线（低次模）传输路径短，由于其经过折射率大的区域，传输速度减慢。因此，各次模的传输速度接近相同，时延差被控制在极小的范围，使模式色散受到限制，从而改善了光纤的传输特性。数学分析表明：为减小多模光纤的模式色散，芯子内折射率分布指数 $\alpha \approx 2$ 时是最佳的。

为了研究与光纤传输的模式有关的问题，人们引出了光纤的一个重要参数 $V$，并将这一参数称为"光纤的归一化频率"。它概括了光纤的结构（芯子半径 $a$、相对折射率差 $\Delta$、芯子的折射率 $n_1$）和工作波长，光纤的很多特性都与这一参数有关。$V$ 可以表示为

$$V = \frac{2\pi a n_1 \sqrt{2\Delta}}{\lambda}$$

(2.1)

其中,$\lambda$ 是传输光波的波长;$2\pi/\lambda = k$ 为自由空间的波数或相位常数;$n_1\sqrt{2\Delta}$ 为光纤的数值孔径(NA);$a$ 为光纤芯子的半径。

多模光纤中光纤传输模的总数为

$$M = (V^2/2)[a/(2+a)] \tag{2.2}$$

$a$ 为折射率分布指数,$a$ 的取值不同,则光纤折射率分布形式不同,传输模式的总数也不同。

对突变型光纤,$a = \infty$,$[a/(a+2)] \to 1$,则光纤传输模式总数为 $M = V^2/2$。

对渐变型光纤,$a \approx 2$,$[a/(a+2)] \to 1/2$ 光纤传输模式总数为 $M = V^2/4$。

可见,GI 型光纤的传输模式只有 SI 型光纤的一半,光纤传输模式愈少,光纤带宽愈宽。

对于单模光纤(SM 型光纤),它只允许基模传输,因此没有模式色散,这意味单模光纤带宽极宽。

至于如何得到单模传输,如上文所介绍,光纤传输模中 $HE_{11}$ 模是基模,这是因为它的归一化截止频率 $V_c$ 最低,$V_c = 0$,没有截止现象,是最低模。如果能够使基模以外的高次模都截止,便得到单模传输,构成单模光纤。因此,基模是单模光纤的工作模。实际上每一种传输模都有自己的归一化截止频率,它是表明各模式特性的参量。拿实际的光纤归一化频率 $V$ 与各模式的归一化截止频率 $V_c$ 相比,若 $V$ 大于某一模式的 $V_c$,则这种模式将在该光纤中导行;反之,若 $V$ 小于某一模式的 $V_c$,则这种模式将处于截止状态,不能在该光纤中导行。因而有

模式导行条件:$V_c < V$。

模式截止条件:$V_c > V$。

模式临界条件:$V_c = V$。

在求出各模式的归一化截止频率之后,就可以讨论光纤中传输单模的条件了。现将较低的几个模式按其归一化截止频率的高低排列如下:

$HE_{11}$ 模,$V_c = 0$

$TE_{01}$、$TM_{01}$、$HE_{21}$ 模,$V_c = 2.40483$

$EH_{11}$、$HE_{12}$、$HE_{31}$ 模,$V_c = 3.83171$

$EH_{21}$、$HE_{41}$ 模,$V_c = 5.13562$

其中,$HE_{11}$ 模的归一化截止频率最低,没有截止现象,其次是 $TE_{01}$、$TM_{01}$、$HE_{21}$ 模。因而要保证光纤中传输 $HE_{11}$ 单一模式,光纤必须满足下列条件:

$$0 < V < 2.40483$$

这要由光纤的归一化频率 $V$ 值来保证。

从式(2.1)中分析得知,要想得到较低的 $V$ 值,有这样几条途径:

① 减小光纤芯子的半径 $a$;

② 减小光纤相对折射率差 $\Delta$,即光纤芯子的折射率 $n_1$ 既要大于包层的折射率 $n_2$,同时 $n_1 \approx n_2$;

③ 使用工作波长在长波长光波段。

与多模光纤相比,单模光纤具有较小的芯径,一般都 $2a$ 小于 $11\mu m$;相对折射率差 $\Delta$ 也比多模光纤小得多,仅为 $0.1\% \sim 0.3\%$;单模光纤传输系统的光波波长也要比多模光纤系统的光波波长长,一般为 $1.3 \sim 1.6\mu m$。

# 2.3 光纤特性

## 2.3.1 光纤的传输特性

光纤传输特性主要是指光纤的损耗特性和带宽特性(即色散特性),光纤特性的好坏直接影响光纤通信的中继距离和传输速率(或脉冲展宽),因此它是设计光纤系统的基本出发点。

### 1. 光纤的损耗特性

光波在光纤传输过程中,其强度随着传输距离的增加逐渐减弱,光纤对光波产生的衰减作用称为光纤损耗。使用在系统中的光纤传输线,其损耗产生的原因,一方面是由于光纤本身的损耗,包括吸收损耗、瑞利散射损耗,以及因结构不完善引起的散射损耗;另一方面是由于作为系统传输线引起的附加损耗,包括弯曲损耗、微弯损耗、接续损耗,以及输入端和输出端的耦合损耗,如图 2.6 所示。

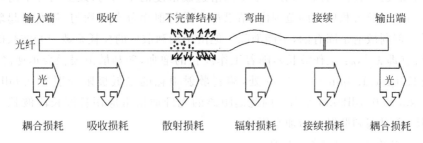

图 2.6 光纤损耗特性示意图

1) 吸收损耗

吸收损耗是指在光波传输过程中,有一部分光能量转变为热能。包括光纤玻璃材料本身的固有吸收损耗,以及因杂质引起的吸收损耗。

光纤材料的固有吸收又叫本征吸收,在不含任何杂质的纯净材料中也存在这种吸收。固有吸收有两个吸收带,一个吸收带在红外区,吸收峰在波长 $8 \sim 12\mu m$,它的尾部拖到光通信所要用的波段范围,但影响不大;另一个吸收带在紫外区,吸收峰在 $0.1\mu m$ 附近,吸收很强时,它的尾巴会拖到 $0.7 \sim 1.1\mu m$ 波段里去。对物质固有吸收来说,在远离峰值区域的 $1.0 \sim 1.6\mu m$ 波段内,固有吸收损耗为低谷区域。

杂质吸收损耗是由光纤材料中铁、钴、镍、铬、铜、钒、镁等随遇金属离子以及水的氢氧根离子的存在造成的附加吸收损耗。目前光纤制造工艺对于金属离子杂质的提纯已经不成问题,可以使它们的影响减到最小;但是氢氧根 OH⁻ 的影响比较大,这是因为在光纤材料中,以及在光纤制造过程中含有大量的水分,提纯中极难清除干净,最后以氢氧根 OH⁻ 的形式残留在光纤内。

残留于光纤内的氢氧根离子,使得在波长在 $0.94\mu m$、$1.24\mu m$ 和 $1.38\mu m$ 附近出现吸收谐振峰,峰值大小与氢氧根离子浓度密切相关。为减小 OH⁻ 根离子的影响,工作波长必须避开吸收峰谐振区域,为此将工作波长选择在 $0.85\mu m$、$1.3\mu m$ 和 $1.55\mu m$ 附近,并称它们为第一窗口、第二窗口和第三窗口。第一窗口为短波长窗口,通常为多模光纤传输系统选用;第二窗口和第三窗口为长波长窗口,通常为单模光纤传输系统选用。

为制造出低损耗光纤,重要条件之一就是把氢氧根离子的浓度降到足够低的程度,如果将氢氧根离子的浓度降到 $10^{-9}$ 以下,由 OH⁻ 引起的吸收损耗在 $1.38\mu m$ 处降到 $0.04dB/km$,实际可忽略不计,整个长波长段接近为平坦的无吸收损耗区。这也就是低水峰光纤。

2) 瑞利散射损耗

当光波照射到比光波长还要小的不均匀微粒时,光波将向四面八方折射,这一物理现象以发现这一现象的物理学家的名字命名,称为瑞利散射。在光纤中,因瑞利散射引起的光波衰减称为瑞利散射损耗。

产生瑞利散射损耗的原因是在光纤制造过程中,因冷凝条件不均匀造成材料密度不均匀,以及掺杂时因材料组分中浓度涨落造成浓度的不均匀,以上两种不均匀微粒大小在与光波长可相比拟的范围内,结果都产生折射率分布不均匀,从而引起瑞利散射损耗。瑞利散射是固有的,不能消除。但由于瑞利散射的损耗系数与光波长的四次方成反比(即 $\lambda^{-4}$,$\lambda$:工作波长),随着工作波长的增加,瑞利散射损耗会迅速降低,例如在波长 $1\mu m$、$1.3\mu m$ 和 $1.6\mu m$ 处,瑞利散射损耗的最低极限分别为 $0.8dB/km$、$0.3dB/km$ 和 $0.1dB/km$ 左右。因此远距离的光纤通信常应用长波长段波长。掺杂(如掺锗)会对瑞利散射的增加有影响。

3) 因结构不均匀的散射损耗

这种散射损耗是由于光纤结构的缺陷产生的。结构缺陷包括光纤芯子与包层交界面的不完整,存在微小的凹凸缺陷,以及芯径与包层直径的微小变化和沿纵轴方向形状的改变等,它们将引起光的散射,产生光纤传输模式散射性的损失。不断提高光纤的制造工艺,采用现代化监测控制技术,可以使结构不完善引起的散射损耗越来越小。现在的光纤制造工艺已经非常先进,这种损耗已经做到 $0.02dB/km$ 以下,并可达到忽略不计的程度。

4) 弯曲损耗

弯曲损耗是一种辐射损耗。它是由于光纤的弯曲所产生的损耗,当光纤在集束成缆或在光纤、光缆的敷设、施工、接续中造成光纤的弯曲,其弯曲的曲率半径小到一定程度时,芯子内光射线不满足全反射条件,使部分光功率由传输模式转为辐射模式而造成的损耗。弯曲的曲率半径越小,造成的损耗越大。一般认为,当光纤弯曲的曲率半径超过 10cm 时,弯曲所造成的损耗可以忽略。因此,在工程中必须要保证光缆和光纤在静态和动态时的弯曲曲率半径限值要求,通常动态时的曲率半径限值要大于静态时的曲率半径限值,这是为了确保在施工过程中不会发生光纤断裂损伤。

5) 微弯损耗

在光纤光缆生产过程中,光纤的轴线发生随机的微小变化,这叫微弯。产生微弯的因素很多,例如,一次涂覆不均匀、不光滑,二次套塑或成缆工艺条件不适当等因素,造成光纤轴线发生 $\mu m$ 级的随机变化。由于微弯的出现,将引起光波的辐射产生,而导致光功率的损耗。微弯引起的损耗就叫微弯损耗,这是另一种辐射损耗。微弯损耗是在光纤生产工程中难以避免的,所以它比上面所说的弯曲损耗更为重要。

6) 接续损耗

两根光纤接续时,因两芯子间隙距离不合适或轴线未对正等原因,造成光纤接续损耗。早期光通信系统的线路工程,光纤的接续多采用人工切割、对准的熔接工艺,光纤对准的精度不高,光纤接续断面的切割也不够整齐和光滑,因此接续损耗不易达到规范要求,当时提出的接续损耗标准为 0.08dB/头。随着光纤自动熔接机的出现,接续光纤的自动对准精度已经达到相当高的程度,不仅单纤的接续损耗可以达到每接头 0.03dB 的水平,而且带状光纤的接续也很容易达到每接头 0.05dB 的水平。不过在进行光纤传输系统设计时,一般仍按每接头 0.08dB 的指标进行中继段光功率预算的计算。(规范中将接续损耗折合成单位长度的接续损耗进行计算,对 2km 盘长的线路按 0.043dB/km,3km 盘长的线路按 0.03dB/km)

7) 耦合损耗

这是由于输入端激光光源以及输出端光检测器与光纤之间的耦合产生的损耗。在讨论光纤线路本身的损耗时是不包括这部分损耗的,传输中继段线路的光功率损耗是入纤光功率与出纤光功率之差。

随着光纤制造技术的不断提高,杂质吸收与结构不完善损耗已降到可以忽略的程度,如 G.652 单模光纤在波长为 $1.55\mu m$ 附近出现了损耗最小值为 0.02dB/km,甚至更低,已接近理论计算值。

**2. 光纤的色散特性及传输带宽**

所谓光纤的色散是指光纤所传输信号的不同模式或不同频率成分,由于其传输速度的不同,从而引起传输信号发生畸变的一种物理现象。简言之,色散就是由于承载传输信号的不同模式或不同频率成分的光波传播速度不同,经光纤传导到达同一终端的时间有先有后,产生的群时延不同,存在时延差,这种时延差就表示色散。对于光通信来说,大多数光纤通信系统采用数字通信方式,在这种通信系统中,用数字脉冲信号去调制光载频,因而,在光纤中所传输的是一个个的光脉冲信号,由于信号的各频率成分或各模式成分的传输速度不同,当它在光纤中传输一段距离后,将互相散开,于是光脉冲被展宽,严重时前后脉冲将互相重叠。这将形成码间干扰,增加误码率,使通信质量下降。为保证通信质量,必须加大码间距离,也就是减少单位时间的脉冲数量,这就降低了通信容量。另一方面,传输距离越长,脉冲展宽越严重,因而色散也就限制了光纤的一次传输距离。

由此看来,制造优质的、色散小的光纤,对增加通信系统容量和加大传输距离是至关重要的。光纤的色散值是光纤的一个重要指标。

光纤色散的来源可以归纳为三种,即材料色散、波导色散和模式色散。

描述色散的大小是用时延差 $\Delta\tau$ 表示的。我们把光信号在光纤中传播一段距离所需的时间叫做时延,由于速度不同的信号传播相同的距离有不同的时延,从而产生时延差。时延差越大,色散越严重。色散单位是 ps/km,指单位长度光纤所产生的时延差(用于表示多模光纤的色散);或 ps/km·nm,指单位长度(km)、光源单位谱线宽度(nm)光纤所产生的时延差(用于表示单模光纤的色散)。

1) 模式色散

在多模光纤中,可以存在很多模式,不同传输模式的传输速度不同,从而引起光脉冲展宽,这种色散叫模式色散。模式色散产生的脉冲展宽如图 2.7 所示。

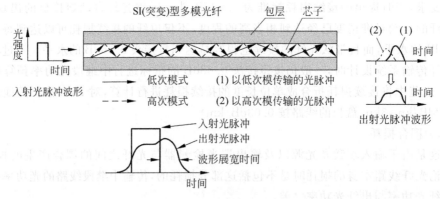

图 2.7　模式色散导致脉冲展宽

模式色散的严格分析比较复杂,可以用几何光学方法以子午线为标准分析突变型多模光纤的色散。如前所述,光纤的归一化频率 V 值越大,光纤传输的模式也就越多,各模式传播速度不同,在光纤中传播相同距离所需时间就不同。假定在光纤中传输的是同一频率(单一波长)不同模式的光信号,那么不同模式的光射线就是具有不同的、能得到全内反射的入射角的光射线,如果这些光射线同时进入光纤,到达光纤同一个终端点时,由于它们的入射角不同,所传播的路径长短就各不相同,路径短的射线比路径长的射线到达终点所需的时间要少,所有不同模式的光射线最早和最晚到达终点的时间差(即最大群时延差)就表示为该光纤的模式色散值,如图 2.8 所示。

图中,从信号传输长度 $L$ 的起点到终点路径最短的射线为与 $Z$ 轴平行的射线,路径长度为 $L$;路径最长的射线是与 $Z$ 轴线夹角等于 $\theta_c$ 的射线,路径长度为 $L/\cos\theta_c$。路径最短的射线传播光纤 $L$ 长距离需用的时间为 $t_1$:

$$t_1 = L/v$$

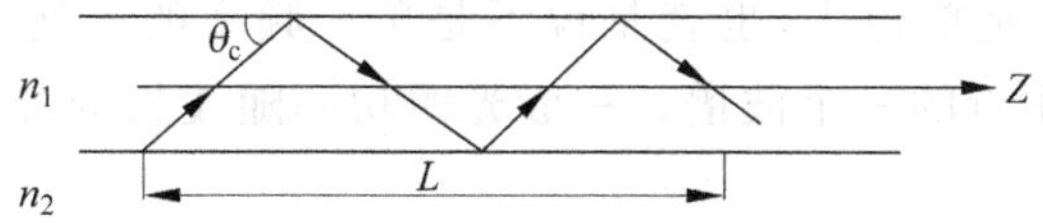

图 2.8  模式色散原理图

其中光在介质中传播 $v=c/n_1$，$n_1$ 为突变型光纤芯子的折射率，得到

$$t_1 = Ln_1/c$$

在突变型光纤中，芯子的折射率分布指数为 $\infty$，是折射率分布均匀光纤，所以不同模式的光射线在光纤内的传播速度都是相同的 $v=c/n_1$。因此，路径长度为 $L/\cos\theta_C$ 的光射线到达终点的时间为 $t_2$

$$t_2 = L/\cos\theta_C/v = Ln_1/c\cos\theta_C$$

两者之差就是突变型光纤的最大群时延差，也就是模式色散值（$\Delta\tau_m$）。假设距离 $L$ 为 1km，则 $\Delta\tau_m = t_2 - t_1 = (n_1/c)[(1/\cos\theta_C)-1]$

其中，$\cos\theta_C = n_2/n_1$，可得

$$\Delta\tau_m = (n_1/c)[(n_1 - n_2)/n_2]$$

由于 $n_1 \cong - n_2$，故：

$$(n_1 - n_2)/n_2 \cong (n_1 - n_2)/n_1 \cong \Delta$$

$$\Delta\tau_m \cong (n_1/c)\Delta$$

从上述公式看出，对突变型多模光纤（SI 型），时延差与光纤的相对折射率 $\Delta$ 成正比，$\Delta$ 越大，时延差也越大，光纤带宽就越小，即脉冲展宽越大。

对于渐变型多模光纤（GI 型）中，芯子的最佳折射率分布指数 $\cong 2$，可以推算出最大的时延差为

$$\Delta\tau_m \cong (n_1/c)\Delta^2/2$$

也就是说，对渐变型多模光纤（GI 型），时延差与光纤的相对折射率 $\Delta$ 的平方成正比，可见渐变型光纤的模式色散比突变型光纤的模式色散小得多，光纤带宽要宽得多。

如果两种光纤的相对折射率差 $\Delta$ 都为 1%，芯子的最大折射率都为 1.5 时，突变型光纤的色散值可达 50ns/km；而渐变型光纤的色散值仅有 0.25ns/km。

由于模式色散与相对折射率差 $\Delta$ 值密切相关，因此从增加带宽的需要出发，希望光纤的 $\Delta$ 值较小，人们把 $\Delta$ 小的光纤称为弱导光纤，所以，通信用的光纤都是弱导光纤。而光纤的 $\Delta$ 值小，光纤的数值孔径（NA）就小，这意味着进入光纤的光功率就小。因此增加通信用光纤的带宽是以减少进入光纤的光功率为代价的。

对于单模光纤，因为它只有基模传输，所以不存在模式色散。

2）材料色散

材料色散是由于光纤材料的导光特性和光源的光谱特性导致的信号脉冲展宽。光纤材料的折射指数随传输的光波波长而变化，光波长增加，材料折射指数变小，从而引起传输速度不同，使脉冲展宽，这就是材料色散产生的原因。而系统中为什么会出现不同波长的光波呢？这与信号光源的光功率分布有关。

光源发出的并不是单色光,也就是说不是单一频率的光波,而是在中心波长 $\lambda_0$(对应的频率为 $f_0$)附近的一个波谱。一般光源功率随波长的分布是高斯型的,用曲线表示如图 2.9 所示。

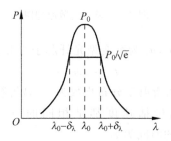

图 2.9 光源的高斯型光谱分布

光源的带宽因信号源的种类而异,例如,典型的半导体激光器的带宽约为 20Å(0.002$\mu$m),而典型的发光二极管的带宽约为 330Å(0.033$\mu$m)。

光源发出的是连续光波,这种连续光波还需要用脉冲信号去进行调制。调制将对光源波谱内的所有载频分量进行。当调制脉冲的重复频率为 1 GHz 时,其调制带宽约为 0.2Å。显然,它比光源带宽窄得多。

送入光纤中去的,就是这样一个调制信号。在单模光纤中,它只激发起主模,而在多模光纤中,则将激发起大量模式,于是在传输过程中引起各种色散。

正因为光源发出的不是单一频率的光波,而是在中心频率(又称中心波长)附近的一个波谱,因此,光纤中的光载波不是单一的,其他波长与中心波长间存有微小差别,这种差别致使其他波长的光波与中心波长的光波在光纤中的折射率因光纤材料的导光特性而出现差别,导致不同波长的光波在光纤中的传播速度不同,从而使传输脉冲展宽。材料色散产生的脉冲展宽如图 2.10 所示。

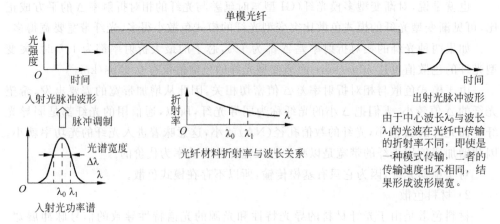

图 2.10 材料色散示意图

所以,应在长距离、高速率的光通信系统中尽量选择相对带宽窄的激光二极管作光源。同时还可以看出,如果光纤材料的材料指数与真空中平面波相位的一阶导数、或者光纤折射率与波长的二阶导数越小,材料色散就越小;如果等于零时,光纤的材料色散可以为零。事实证明,有些材料在某一波长附近可以达到这样的效果,能使光纤的材料色散为零的光波波长就叫做材料的零色散波长。对于石英系光纤,材料的零色散波长在 $1.3\mu m$ 附近。

## 2.3.2 光纤的机械特性和温度特性

### 1. 光纤的机械特性

光纤必须有足够的机械强度,包括抗拉强度和抗剪强度,以便能经受住成缆(拉丝、涂覆、绞合等)和敷设过程中各种作用力。其中,光纤的抗拉强度是最主要的考虑因素,同时还必须考虑光纤长期使用的可靠性,防止在各种环境条件下因疲劳引起的故障;防止因浸水而降低光纤的抗拉强度及增加光纤损耗,为此,必须采取各种防潮措施。

石英光纤材料固有的抗拉强度是很大的,可达到约 $300kg/mm^2$,它是铜的 10 倍以上,是铅的 20 倍以上。但是,如果石英玻璃表面存在即使是微小的伤痕,在拉力持续保持下,伤痕将不断扩大,抗拉强度急剧下降,最终使玻璃断裂。所以实际光纤材料的抗拉强度比理论值小得多。有数字表明,裸光纤的平均抗拉强度仅有 $25kg/mm^2$。按此计算,成形的光纤包层直径只有 $125\mu m$,截面积仅有 $0.0123mm^2$,可承受的拉力也只有 0.3kg(平均值)。

为保证光纤有足够的抗拉强度,需要在包层外增加硅酮树脂涂覆层,实验证明,涂覆层厚度为 $100\mu m$ 的涂覆光纤,平均抗拉强度可达到 $530kg/mm^2$,比裸光纤的抗拉强度提高 20 倍以上。

光纤机械强度的另一个问题是光纤的抗弯性能,一般抗拉强度好的光纤,抗弯性能也好,抗弯性能除了与光纤表面缺陷有关外,还与光纤粗细、涂覆层同心度等因素有关。好的涂覆后光纤可令在弯到曲率半径为 $1\sim2mm$ 时不断。

### 2. 光纤的温度特性

经过涂覆和套塑后的光纤芯线,其温度特性比裸光纤的温度特性差。这是因为有机树脂和塑料的线膨胀系数比石英大得多,特别是塑料,容易受温度变化的影响,低温收缩、高温伸长,光纤在这种轴向压缩力的作用下产生微弯,使损耗增大,在低温下工作,损耗增加更为明显。

虽然光纤芯线的缓冲层可以使光纤的温度特性大大改善,但套塑材料在低温下的收缩影响是很难完全消除的。因此要特别注意光纤芯线的低温特性,必须对厂家提出要求。对高寒地区的用户,光纤的温度特性更为重要。

# 2.4　光电器件发光原理

光电器件分为发光器件和光探测器两大类,发光器件是把电信号变成光信号的器件,在光纤通信中占有重要的地位。性能好、寿命长、使用方便的电源是保证光纤通信可靠工作的关键。光纤通信对光源的基本要求有如下几个方面:

① 光源发光的峰值波长应在光纤的低损耗窗口之内,要求材料色散较小。

② 光源输出功率必须足够大,入纤功率一般应在 10 微瓦到数毫瓦之间。

③ 光源应具有高度可靠性,工作寿命至少在 10 万小时以上才能满足光纤通信工程的需要。

④ 光源的输出光谱不能太宽以利于传高速脉冲。

⑤ 光源应便于调制,调制速率应能适应系统的要求。

⑥ 电-光转换效率不应太低,否则会导致器件严重发热和缩短寿命。

⑦ 光源应省电,光源的体积、重量不应太大。

光探测器则是将光信号转换为电信号的光电子器件,作为光通信系统用的光探测器需要满足以下要求:

(1) 其响应波长范围要与光纤通信的低衰耗窗口匹配。

(2) 具有很高的量子效率和响应度。

(3) 具有很高的响应速度。

(4) 具有高度的可靠性。

## 2.4.1　光的发射和激射原理

半导体单晶材料的原子是按一定规律紧密排列的。在各个原子之间保持一定的距离,是由于在各原子之间存在着互相作用力的结构,这些结合力就是共价键。固体物理学告诉我们,单晶中各个原子的最外层轨道是互相重叠的,这样就使分立的能级变成了能带。与原子的最多层轨道的价电子相对应的能带叫做价带。价带上面的能带称为导带。在温度低至绝对零度的情况下,晶体中的电子均在价带之中,而导带是完全空着的。如果价带中的电子受热或光的激发,则受激发的电子就会跃迁到上面的导带中去。这样一来,晶体材料就可以导电了。把导带底的能量记作 $E_c$,把价带顶的能量记作 $E_v$。在 $E_c$ 和 $E_v$ 之间是不可能有电子的,故称为禁带。把 $E_c$ 与 $E_v$ 之差记作 $E_g$,称为禁带宽度或带隙。如果 $E_g$ 较大,则需要较大的激励能量把价带中的电子激发到导带中去。对于绝缘体材料,由于禁带宽度 $E_g$ 很大,价带中的电子很难迁到导带中去,因而它表现出良好的绝缘性能。导体材料的 $E_g=0$,因此它表现出良好的导电性能。半导体材料的禁带宽度介于导体和绝缘体之间,因而它的导电能力也介于两者之间。

当价带中一个电子被激发到导带中,在价带中就留下了一个电子的空位。在电场的作用下,价带中邻近的电子就会填补这个空位,而把它自己的位置空出来,这就好像空位本身在电场的作用下产生移动一样。空位的作用好像一个带正电的粒子,在半导体物理学上把它叫作空穴。穴带中的一个电子可以吸收外界能量而跃迁到导带中去,在价带中形成一个空穴。反之,导带中的一个电子也可以跃迁到价带中去,在价带中填补一个空穴,把这一过程叫做复合。在复合时,电子把大约等于禁带宽度 $E_g$ 的能量释放出来。在辐射跃迁的情况下,释放出一个频率为

$$\gamma = \frac{E_g}{h} \tag{2.3}$$

其中,h 是普朗克常数($6.625 \times 10^{-34}$ J·s)。不同的半导体单晶材料的 $E_g$ 值不同,光发波长也不同,因为电子和空穴都是处于能带之中,不同的电子和空穴的能级有所差别,复合发光的波长有所差别,但其频率接近于 $\gamma$。

## 2.4.2　半导体 P-N 结和 P-N 结光源

在实际的半导体单晶材料中,往往存在着与组成晶体的基质原子不同的其他元素的原子——杂质原子,以及在晶体形成过程中出现的各种缺陷。进行材料提纯,就是为了去除有害杂质。进行各种处理,就是为了消除或减少某些缺陷。但是,在实际应用中,还要有意识地在晶体中掺入一定量的有用杂质,这些杂质原子对半导体起着极为重要的作用。我们知道,按照掺杂的不同,可以得到电子型半导体和空穴型半导体材料。

所谓本征半导体,是指含杂质和缺陷极少的纯净、完整的半导体。其特点是,在半导体材料中,导带电子的数目和价带空穴的数目相等。通常把本征半导体叫做 I 型半导体。所谓电子型半导体就是通过故意掺杂使用导带的电子数目比价带空穴的数目大得多的半导体。例如,在纯净的 III-V 族化合物 GaAs 中掺入少量的 VI 族元素 Te,Te 原子取代晶体中的 As 原子,这样就得到了电子型半导体。Te 原子的外层有 6 个价电子,As 原子的外导有 5 个价电子,在形成共价键时每个 Te 原子向晶体提供 1 个电子,因而导带内就有许多电子,这种电子型半导体亦称为 N 型半导体。所谓空穴型半导体,就是通过故意掺杂使价带空穴的数目比导带电子数目大得多的半导体。例如,在纯净的 III-V 族化合物 GaAs 中掺入少量的 II 族元素 Zn。Zn 原子取代晶体中的 Ga 原子,这样就得到了空穴型半导体。Zn 原子的外层有 2 个价电子,Ga 原子的外层有 3 个价电子,在形成共价键时每个 Zn 原子向晶体索取 1 个电子,即向晶体提供 1 个空穴,因而价带内就有许多空穴,这种空穴型半导体也叫做 P 型半导体。

理论分析和实验结果表明,半导体的物理性质在很大程度上取决于所含杂质的种类和数量。更重要的是,把不同类型的半导体结合起来,就可以制作成各种各样的半导体器件,当然也包括这里要讲的激光二极管和发光二极管。请注意,这里所说的"结合",并不是简单的机械的接触,而是在同一块半导体单晶内形成不同类型的两个或两

个以上的区域。

P型半导体与N型半导体结合的界面称为P-N结,许多半导体器件(包括半导体激光器)的核心就是这个P-N结。前面提到,在P型半导体内有多余空穴,在N型半导体内有多余电子,当这两种半导体结合在一起时,P区内的空穴向N区扩散,在靠近界面的地方剩下了带负电的离子,N区内的电子向P区扩散,在靠近界面的地方剩下了带正电的离子。这样一来,在界面两侧就形成了带相反电荷的区域,叫做空间电荷区。由这些相反电荷形成一个自建电场,其方向是由N区指向P区。由于自建电场的存在,在界面的两侧产生了一个电势差$V_D$,这个电势差阻碍空穴和电子的进一步扩建,使之最后达到平衡状态。因此,我们把$V_D$叫做阻碍空穴和电子扩散的势垒。

如图2.11所示的P-N结及能带,显然,P区的能量比N区的提高了$eV_D$,其中e是电子的电荷量。如图中所示:对于轻掺杂的P-N结,$eV_D < E_g$,对于重掺杂的P-N结,$eV_D > E_g$。理论分析表明,可以利用一个能级$E_F$(称为费米能级)来描述电子和空穴分布的规律。对于$E_F$以下的能级,电子占据的可能性大于1/2,空穴占据的可能性大于1/2。在平衡状态下,P区和N区有统一的费米能级。对于P区,因为晶体内有许多空穴,所以价带顶在费米能级附近。对于N区,因为晶体内有许多电子,所以导带底在费米能级附近。这样一来就画出了图2.11(a)所示的能带图。

半导体P-N结光源包括半导体发光二极管与半导发光二极管与半导体激光器,它们都是正向工作器件。当把正向电压V加在P-N结上时,抵消了一部分势垒,势垒高度只剩下了$(V_D - V)$的数值,如图2.11(b)所示。外加的正向电压破坏了原来的平衡状态,P区和N区的费米能级分离开来。这时,可以用两个所谓的准费米能级来描述电子和空穴分布的规律。把N区的准费米能级记作$(E_F)_N$,对于$(E_F)_N$以下的能级,电子占据的可能性大于1/2。把P区的准费米能级记作$(E_F)_P$,对于$(E_F)_N$以上的能级,空穴占据的可能性大于1/2。当把足够大的正向电压加在P-N结上时,P区内的空穴大量地注入N区,N区内的电子大量地注入P区。这样一来,在P区和N区靠近界面的地方就产生了复合发光。

在激光物理学中,材料的光子吸收、自发发射和受激发射可以由图2.12的两能级图来表示。图中$E_1$是基态能量,$E_2$是激发态能量。按照普朗克定律,这两个能态之间的跃迁涉及发射或吸收一个能量为$h\gamma_{12} = E_2 - E_1$的光子。一般情况下系统处于基态。当能量为$h\gamma_{12}$的光子射入,能态$E_1$中的某个电子能够吸收光子能量,并激发到能态$E_2$。由于$E_2$能态是一种不稳定的状态,电子很快就返回到基态,从而发射出一个能量为$h\gamma_{12}$的光子。这个过程是在无外部激励的情况下发生的,因此称为自发发射。这种发射是各向同性的,并且其相位是随机的,表现为非相干光输出。另外一种情况是,暂时停留在$E_2$上的电子,由于外部的激励向下跃迁到基态,如图2.12(c)所示。当有一个能量为$h\gamma_{12}$的光入射到系统时,电子会立即受到激励向往下跃迁到基态,同时释放出一个能量为$h\gamma_{12}$的光子。发射出来的这个光子与入射光子是同相位的,这种情况称为受激发射。在热平衡状态下,受到激发的电子的密度非常小,入射于系统的大多数光子都会被吸收,受激发射可以忽略,材料对光能量来说是消耗性的。仅当激发态中的电子数大于基态中的电子数时,受激发射才会超过吸收。这个条件在激光物理学中称为粒子数反转。

　　粒子数反转状态并不是一种平衡状态,必须利用各种"泵浦"方法来使材料达到这种状态。对于图 2.11 所示的 P-N 结,正向通电注入电子填满那些较低能态,即能实现粒子数反转,该材料原来对光是吸收的进而变为对光具有放大作用了。半导体激光器中,在电泵浦使用下能够对光有放大作用的区域称为有源区,其实就在图 2.11 所示的 P-N 结附近。我们知道,高频电子 LC 振荡器就是利用电子放大器和正反馈结合而产生的。半导体激光器的激光振荡也是由光放大与正反馈结合而产生。如图 2.13 所示,处于粒子反转状态的有源区对某波长光有放大作用。设有微弱的光由左向右传输,在光放大作用下逐渐增强,到达右镜面立刻反射到左传输又再逐渐增强,到达左镜面反射而形呈正反馈过程。显然,只有在传播方向与镜面垂直的一部分光才能够在镜面的帮助下实现放大-反馈,当这个放大-反馈环路的光增益足以抵消一切光损耗时,就在谐振腔内建立了等相面与反射镜面平等的驻波,这就产生了激光振荡。如图 2.11 所示的 P-N 结,当未注入电流时,其材料对光呈现吸收性,当注入电流较小时,P-N 结开始发光,电流继续增加,光放大增强,放大-反馈环路的增益一旦超过损耗,就产生振荡,半导体激光器就由自发发射状态转入激射状态,此时的注入电流称阈值电流。

27

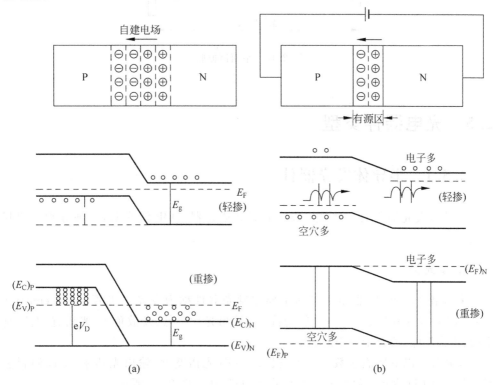

图 2.11　半导体 P-N 结能带图

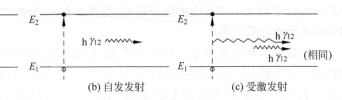

图 2.12　光子吸收的三种形式

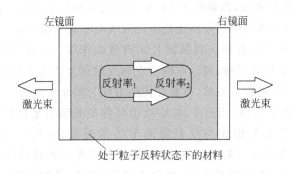

图 2.13　平面谐振腔

## 2.5　光电器件类型

### 2.5.1　半导体发光器件

半导体发光器件有 3 大类：发光管、FP 激光器、DBF 激光器，下面分别介绍其特点。

#### 1. 发光管

未经谐振输出，发非相干光的半导体发光器件称为发光二极管（light emitting diode，LED），简称发光管。发光管的特点：输出光功率低、发散角大、光谱宽、调制速率低、价格低廉，适合于短距离通信。

发光管有以下性能参数：工作波长、−3dB 光谱宽度、输出光功率、最高调制速率。其中，LED 性能参数如表 2.4 所示，LED 频谱如图 2.14 所示。

表 2.4 LED 性能参数

| 参 数 | 符号 | 单位 | 测 试 条 件 | 最小 | 典型 | 最大 |
|---|---|---|---|---|---|---|
| 工作波长 | λp | nm | $I=80\text{mA}$ | 1280 | 1310 | 1330 |
| | | | | 1520 | 1550 | 1570 |
| −3dB 光谱宽度 | Δλ | nm | $I=80\text{mA}$ | | 60 | |
| 尾纤输出光功率 | $P_0$ | μW | $I=80\text{mA},1310\text{nm}$ | 10 | | 100 |
| | | | $I=80\text{mA},1550\text{nm}$ | 10 | | 50 |
| 正向电压 | $V_f$ | V | $I=80\text{mA}$ | | | 2.0 |

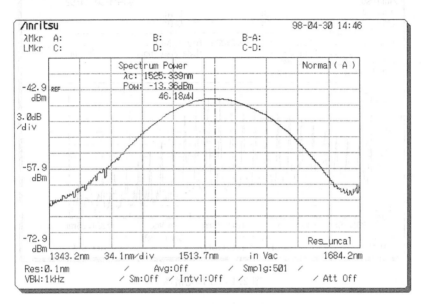

图 2.14 LED 光谱图

工作波长是指 LED 发出光谱的中心波长；−3dB 光谱宽度是 LED 发射光谱的最高点降低−3dB 时所对应的光谱宽度；输出光功率是器件输出端口输出的光功率；最高调制速率为 LED 所能调制的最高速率。

**2. FP 激光器**

FP 激光器是以 FP(Fabry-Perot,法布里-珀罗)腔为谐振腔,发出多纵模相干光的半导体发光器件。这类器件的特点：输出光功率大、发散角较小、光谱较窄、调制速率高,适合于较长距离通信。其中 FP 激光器性能参数如表 2.5 所示,FP 激光器频谱如图 2.15 所示。

表 2.5 FP 激光器性能参数

| 参 数 | 符号 | 单位 | 测 试 条 件 | 最小 | 典型 | 最大 |
|---|---|---|---|---|---|---|
| 工作波长 | λp | nm | $I_w=I_{th+}20\text{mA}$ | 1290 | 1310 | 1330 |
| | | | | 1530 | 1550 | 1570 |
| 光谱宽度 | Δλ | nm | $I_w=I_{th+}20\text{mA}$ | | 3 | 5 |

续表

| 参　　数 | 符号 | 单位 | 测　试　条　件 | 最小 | 典型 | 最大 |
|---|---|---|---|---|---|---|
| 阈值电流 | $I_{th}$ | mA | | | 5 | 20 |
| 输出光功率 | $P_0$ | mW | $I_W$, 1310nm | 0.3 | | 2.5 |
| | | | $I_W$, 1550nm | 0.3 | | 2.0 |
| 正向电压 | $V_f$ | V | $I_W = I_{th+} 20mA$ | | 1.1 | 1.5 |

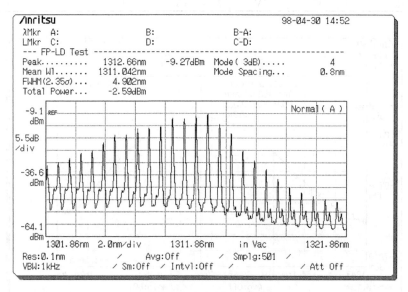

图 2.15　FP 光谱图

### 3. DFB 激光器

　　分布反馈式(distribute feedback，DFB)激光器是在 FP 激光器的基础上采用光栅滤光器件使器件只有一个纵模输出，此类器件的特点：输出光功率大、发散角较小、光谱极窄、调制速率高，适合于长距离通信。其中 DFB 激光器性能参数如表 2.6 所示，DFB 激光器频谱如图 2.16 所示。

表 2.6　DFB 激光器典型参数

| 参　　数 | 符号 | 单位 | 测　试　条　件 | 最小 | 典型 | 最大 |
|---|---|---|---|---|---|---|
| 工作波长 | λp | nm | $I_W = I_{th+} 20mA$ | | 1310 | |
| | | | | | 1550 | |
| −20dB 光谱宽度 | Δλ | nm | $I_W = I_{th+} 20mA$ | | 0.3 | 0.5 |
| 阈值电流 | $I_{th}$ | mA | | | 15 | 20 |
| 输出光功率 | $P_0$ | mW | $I_W$, 1310nm | 0.3 | | 2.5 |
| | | | $I_W$, 1550nm | 0.3 | | 2.0 |
| 正向电压 | $V_f$ | V | $I_W = I_{th+} 20mA$ | — | — | — |

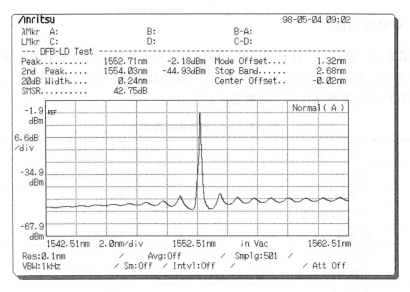

图 2.16　DFB 光谱图

## 2.5.2　光电检测器

光电检测器是将光信号转变为电信号的器件,光纤通信系统中使用 2 类光电检测器,即 PIN(p-type,intrinsic,n-type)光电二极管和 APD(avalanche photodiode)雪崩光电二极管。

### 1. PIN 二极管

PIN 二极管是在普通光电二极管的基础上加入一层耗尽层的器件,它具有量子效率高、暗电流低、响应速度高、工作偏压低、不具有倍增效应的特点。PIN 光电二极管性能参数如表 2.7 所示。

表 2.7　PIN 光电二极管的典型参数

| 参　　　数 | 符号 | 单位 | 测试条件 | 最小 | 典型 | 最大 |
|---|---|---|---|---|---|---|
| 光谱响应 | | nm | | 1100 | 1310 | 1600 |
| 暗电流 | $I_d$ | nA | $V_r = -5V$ | | 0.1 | 5 |
| 响应度@1310nm | $R$ | A/W | $V_r = -5V$ | 0.8 | 0.85 | |
| 饱和光功率 | $P$ | mV | $V_r = -5V$ | 1.5 | | |
| 响应时间 | $t_r/t_f$ | ns | | | 0.1 | |
| 电容 | $C$ | pf | $V_r = -5V$ | | 0.75 | |
| 光敏面直径 | $\phi$ | $\mu$m | | | 75 | |

### 2. APD 探测器

雪崩光电二极管是一种利用较高的偏压加速光子激发出的电子空穴对,碰撞出二次电子空穴对,形成光电流倍增的器件。它具有较高的量子效率、较高的响应、有倍增效应。APD 光电探测器性能参数如表 2.8 所示。

**表 2.8 APD 光电探测器参数**

| 种 类 | G-APD |
| --- | --- |
| 工作波长 | 1000～1600nm |
| 量子效率 | 50% |
| 过剩噪声指数 | 0.8 |
| 暗电流 | 200$\mu$A |
| 倍增因子 | 15 |
| 结电容 | 2pF |
| 上升时间 | 150ps |
| 光敏面积 | $\phi > 200\mu$m |
| 击穿电压 | >60V |

## 2.5.3 掺铒光纤放大器

掺铒光纤放大器(EDFA)作为新一代光通信系统的关键部件,具有增益高、输出功率大、工作光学带宽较宽、与偏振无关、噪声指数较低、放大特性与系统比特率和数据格式无关。它是大容量波分复用系统、2.5Gb/s 和 10Gb/s 以上高速系统中必不可少的关键部件,也是大型 CATV 网不可缺少的器件。它的出现给光纤通信与传输技术带来了一场革命。EDFA 在光缆线路中可以有以下几种应用:

(1)装在光发射机后面作功率放大器,它可以将光发射机的发送功率由 0dBm 左右提高至 +13～+18dBm。

(2)在光发送机和光接收机之间装若干个 EDFA,代替传统的中继设备。

(3)装在光接收机前面作预放大器可以将接收机灵敏度提高至 −45～−35dBm。

光缆通信线路中使用 EDFA 作功率放大器和预放大器可以大幅度提高通信设备的动态范围,使线路的无中继距离达到 150～250km,这将使通信系统的中继站的数量大大减少,线路的建设成本、维护成本大为降低,同时也提高了线路的可靠性。在沿途上/下话路的长途干线中应用 EDFA,代替传统的光→电、电→光中继方式,可以节省设备投资,同时有利于线路的升级。因为 EDFA 具有放大特性与系统比特率和数据格式无关的特点,因此,在线路升级时,只需更换线路两端的设备,而不需要更换作中继的 EDFA。

（4）在广电网中使用可以使一台光发射机带更多的光接收机。在国外，掺铒光纤放大器已经开始大规模地用于各种工程中。

在石英光纤中掺入稀土元素铒，形成 $Er^{3+}$ 离子。

在掺铒光纤中注入足够的泵浦光，就可以将大部分处于基态的 $Er^{3+}$ 抽运到激发态上，处于激发态的 $Er^{3+}$ 又迅速无辐射地转移到比激发态低的亚稳态上。由于 $Er^{3+}$ 在亚稳态上的平均停留时间为 10ms，因此，很容易在亚稳态与基态之间形成反转，此时，信号光子通过掺铒光纤，将通过受激辐射效应，产生大量与自身完全相同的光子，使信号光子迅速增多，产生信号放大如图 2.17 所示。

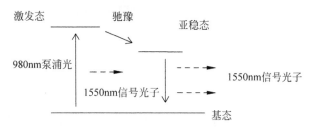

图 2.17　$Er^{3+}$ 在光纤中的能级图

为了实现光放大的目的，需要由一些光无源器件、泵浦源和掺铒光纤以特定的光学结构组合在一起，构成光放大器。图 2.18 显示了一种典型的掺铒光纤放大器光学结构。

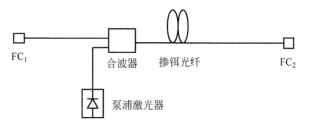

图 2.18　EDFA 的光学原理图

掺信号光、980nm 泵浦光，经过波分复用器 WDM 合波后进入掺铒光纤 EDF。EDF 在泵浦光的激励下产生的放大作用，使光信号得到放大。

在长距离、大容量、高速率的新一代光波通信系统中，EDFA 可用作功率放大、前置放大和中继放大。功率放大器，用于提高发射机功率，延长传输系统的中继距离，或用来补偿组网中的连接损耗。前置放大器，提高接收机灵敏度。中继器，在长距离系统中恢复信号功率，补偿光纤衰耗。主要用途如下：

（1）在长距离光纤通信系统中，代替现有的电中继器。

（2）跨超长段，在长途光通信系统的发送端加上 EDFA 功率放大器，提高发送功率，在系统的接收端加 EDFA 前置放大器提高接收机灵敏度。这种方法可以使系统无中继传输距离延长到 150～200km。

（3）光放大技术与波分复用（WDM）技术相结合可迅速简便地扩大现有光缆系统

33

的通信容量。

（4）它作为功率放大器用在广电网（CATV）系统中，可将发射机发送功率提高到
+16dBm以上，有效地补偿分配损耗，可做到信号无损耗分配，使系统可带更多的光
纤用户终端或延长传输距离。

（5）EDFA可放大超短脉冲而无畸变，在未来光孤子系统中也是必不可少的
部件。

# 第**3**章

# SDH传送网

SDH(synchronous digital hierarchy,同步数字体系)是一种将复接、线路传输及交换功能融为一体,并由统一网管系统操作的综合信息传送网络,是由美国贝尔通信技术研究所提出来的同步光网络(synchronous optical network,SONET)。国际电报电话咨询委员会(CCITT)(现 ITU-T)于 1988 年接受了 SONET 概念并重新命名为SDH,使其成为不仅适用于光纤也适用于微波和卫星传输的通用技术体制。它可实现网络有效管理、实时业务监控、动态网络维护、不同厂商设备间的互通等多项功能,能大大提高网络资源利用率、降低管理及维护费用、实现灵活可靠和高效的网络运行与维护,因此是当今世界信息领域在传输技术方面的发展和应用的热点,受到人们的广泛重视。本章对 SDH 的产生背景、技术特点、网络生存性作了介绍,并展望了 SDH将来的发展趋势。

## 3.1 SDH 基本概念

SDH 技术的诞生有其必然性,随着通信的发展,要求传送的信息不仅是话音,还有文字、数据、图像和视频等。加之数字通信和计算机技术的发展,在 20 世纪 70 至80 年代,陆续出现了 T1(DS1)/E1 载波系统(1.544/2.048Mb/s)、X.25 帧中继、综合业务数字网(integrated services digital network,ISDN)和光纤分布式数据接口(fiber distributed data interface,FDDI)等多种网络技术。随着信息社会的到来,人们希望现代信息传输网络能快速、经济、有效地提供各种电路和业务,而上述网络技术由于其业务的单调性,扩展的复杂性,带宽的局限性,仅在原有框架内修改或完善已无济于事。SDH 就是在这种背景下发展起来的。在各种宽带光纤接入网技术中,采用了SDH 技术的接入网系统是应用最普遍的。SDH 的诞生解决了由于入户媒质的带宽限制而跟不上骨干网和用户业务需求的发展,而产生了用户与核心网之间的接入"瓶颈"问题,同时提高了传输网上大量带宽的利用率。SDH 技术自从 20 世纪 90 年代引入以来,至今已经是一种成熟、标准的技术,在骨干网中被广泛采用,且价格越来越低,在接入网中应用可以将 SDH 技术在核心网中的巨大带宽优势和技术优势带入接入网领域,充分利用 SDH 同步复用、标准化的光接口、强大的网管能力、灵活网络拓扑能力和高可靠性带来好处,在接入网的建设发展中长期受益。

SDH 之所以能够快速发展,与它自身的特点是分不开的,其具体特点如下:

(1) SDH 传输系统在国际上有统一的帧结构,数字传输标准速率和标准的光路接口,使网管系统互通,因此有很好的横向兼容性,它能与现有的 PDH 完全兼容,并容纳各种新的业务信号,形成了全球统一的数字传输体制标准,提高了网络的可靠性。

(2) SDH 接入系统不同等级的码流在帧结构净负荷区内的排列非常有规律,而净负荷与网络是同步的,它利用软件能将高速信号一次直接分插出低速支路信号,实现了一次复用的特性,克服了 PDH 准同步复用方式对全部高速信号进行逐级分解然后再生复用的过程,由于大幅简化了 DXC,减少了背靠背的接口复用设备,改善了网络的业务传送透明性。

(3) 由于采用了较先进的分插复用器(ADM)、数字交叉连接(DXC)、网络的自愈功能和重组功能就显得非常强大,具有较强的生存率。因 SDH 帧结构中安排了信号的 5%开销比特,它的网管功能显得特别强大,并能统一形成网络管理系统,为网络的自动化、智能化、信道的利用率以及降低网络的维管费和生存能力起到了积极作用。

(4) 由于 SDH 有多种网络拓扑结构,它所组成的网络非常灵活,它能增强网监,运行管理和自动配置功能,优化了网络性能,同时也使网络运行灵活、安全、可靠,使网络的功能非常齐全和多样化。

(5) SDH 有传输和交换的性能,它的系列设备的构成能通过功能块的自由组合,实现了不同层次和各种拓扑结构的网络,十分灵活。

(6) SDH 并不专属于某种传输介质,它可用于双绞线、同轴电缆,但 SDH 用于传输高数据率则需用光纤。这一特点表明,SDH 既适合用作干线通道,也可作支线通道。例如,我国的国家与省级有线电视干线网就是采用 SDH,而且它也便于与光纤电缆混合网(HFC)相兼容。

(7) 从 OSI 模型的观点来看,SDH 属于其最底层的物理层,并未对其高层有严格的限制,便于在 SDH 上采用各种网络技术,支持 ATM 或 IP 传输。

(8) SDH 是严格同步的,从而保证了整个网络稳定可靠,误码少,且便于复用和调整。

(9) 标准的开放型光接口可以在基本光缆段上实现横向兼容,降低了联网成本。

由于以上所述的 SDH 的众多特性,使其在广域网领域和专用网领域得到了巨大的发展。电信、联通、广电等电信运营商都已经大规模建设了基于 SDH 的骨干光传输网络。利用大容量的 SDH 环路承载 IP 业务、ATM 业务或直接以租用电路的方式出租给企、事业单位。而一些大型的专用网络也采用了 SDH 技术,架设系统内部的

SDH 光环路，以承载各种业务，比如电力系统，就利用 SDH 环路承载内部的数据、远控、视频、语音等业务。

对于组网更加迫切而又没有可能架设专用 SDH 环路的单位，很多都采用了租用电信运营商电路的方式。由于 SDH 基于物理层的特点，单位可在租用电路上承载各种业务而不受传输的限制。承载方式有很多种，可以是利用基于 TDM 技术的综合复用设备实现多业务的复用，也可以利用基于 IP 的设备实现多业务的分组交换。SDH 技术可真正实现租用电路的带宽保证，安全性方面也优于 VPN 等方式。在政府机关和对安全性非常注重的企业，SDH 租用线路得到了广泛的应用。一般来说，SDH 可提供 E1、E3、STM-1 或 STM-4 等接口，完全可以满足各种带宽要求。同时在价格方面，也已经为大部分单位所接受。

但是，凡事有利就有弊，SDH 的这些优点是以牺牲其他方面为代价的。针对目前的发展情况来看，SDH 主要有以下缺陷：

（1）频带利用率低。我们知道有效性和可靠性是一对矛盾，增加了有效性必将降低可靠性，增加可靠性也会相应地使有效性降低。例如，收音机的选择性增加，可选的电台就增多，这样就提高了选择性。但是由于这时通频带相应地会变窄，必然会使音质下降，也就是可靠性下降。相应的，SDH 的一个很大的优势是系统的可靠性大大地增强了（运行维护的自动化程度高），这是由于在 SDH 的信号——STM-$N$ 帧中加入了大量的用于 OAM 功能的开销字节，这样必然会使在传输同样多有效信息的情况下，PDH 信号所占用的频带（传输速率）要比 SDH 信号所占用的频带（传输速率）窄，即 PDH 信号所用的速率低。例如，SDH 的 STM-1 信号可复用进 63 个 2Mb/s 或 3 个 34Mb/s（相当于 48×2Mb/s）或 1 个 140Mb/s（相当于 64×2Mb/s）的 PDH 信号。只有当 PDH 信号是以 140Mb/s 的信号复用进 STM-1 信号的帧时，STM-1 信号才能容纳 64×2Mb/s 的信息量，但此时它的信号速率是 155Mb/s，速率要高于 PDH 同样信息容量的 E4 信号（140Mb/s）。也就是说，STM-1 所占用的传输频带要大于 PDH E4 信号的传输频带（二者的信息容量是一样的）。

（2）指针调整机理复杂。SDH 体制可从高速信号（例如 STM-1）中直接下低速信号（例如 2Mb/s），省去了多级复用/解复用过程。而这种功能的实现是通过指针机理来完成的，指针的作用就是时刻指示低速信号的位置，以便在"拆包"时能正确地拆分出所需的低速信号，保证了 SDH 从高速信号中直接下低速信号功能的实现。可以说指针是 SDH 的一大特色。

但是指针功能的实现增加了系统的复杂性。最重要的是使系统产生 SDH 的一种特有抖动——由指针调整引起的结合抖动。这种抖动多发于网络边界处（SDH/PDH），其频率低、幅度大，会导致低速信号在拆出后性能劣化，这种抖动的滤除会相当困难。

（3）软件的大量使用对系统安全性的影响。SDH 的一大特点是 OAM 的自动化程度高，这也意味着软件在系统中占用相当大的比重，这就使系统很容易受到计算机病毒的侵害，特别是在计算机病毒无处不在的今天。另外，在网络层上人为的错误操作、软件故障，对系统的影响也是致命的。这样，系统的安全性就成了很重要的一个方面。

SDH 体制是一种在发展中不断成熟的体制，尽管还有这样或那样的缺陷，但它已在传输网的发展中，显露出了强大的生命力，传输网从 PDH 过渡到 SDH 是一个不争的事实。

# 3.2 SDH 结构原理

## 3.2.1 SDH 帧结构

SDH 体制有一套标准的信息结构等级，即有一套标准的速率等级。基本的信号传输结构等级是同步传输模块——STM-1，相应的速率是 155Mb/s，高等级的数字信号系列，例如 622Mb/s(STM-4)、2.5Gb/s(STM-16)等，可通过将低速率等级的信息模块，例如 STM-1，通过字节间插同步复用而成，复接的个数是 4 的倍数，例如 STM-4＝4×STM-1，STM-16＝4×STM-4。SDH 信号等级如表 3.1 所示。

表 3.1 SDH 信号等级

| SDH 等级 | SONET 等级 | 信号速率/(Mb·s⁻¹) | 净负荷速率/(Mb·s⁻¹) | 等效的 DS₀ 数/(64kb·s⁻¹) |
|---|---|---|---|---|
| | STS-1/OC-1 | 51.84 | 50.112 | 672 |
| STM-1 | STS-3/OC-3 | 155.520 | 150.336 | 2016 |
| STM-4 | STS-12/OC-12 | 600.080 | 601.344 | 8064 |
| STM-16 | STS-48/OC-48 | 2488.320 | 2405.376 | 32256 |
| STM-64 | STS-192/OC-192 | 9953.280 | 9621.504 | 129024 |

STM-1 由 9 行和 270 列字节组成，高阶信号均以 STM-1 为基础，采用字节间差方式形成，其帧格式是以字节为单位的块状结构。STM-N 是由 9 行和 270×N 列字节组成。

STM-N 帧的传送方式是以行为单位，从左至右，从上到下地依次传送。STM-N 的帧格式如图 3.1 所示。

从图 3.1 中看出，STM-N 的帧结构由三部分组成：段开销，包括再生段开销(RSOH)和复用段开销(MSOH)；管理单元指针(AU-PTR)；信息净负荷(payload)。下面介绍这三大部分的功能。

### 1. 信息净负荷

信息净负荷是在 STM-N 帧结构中存放将由 STM-N 传送的各种信息码块的地方。信息净负荷区相当于 STM-N 这辆运货车的车厢，车厢内装载的货物就是经过打包的低速信号——待运输的货物。为了实时监测货物(打包的低速信号)在传输过程

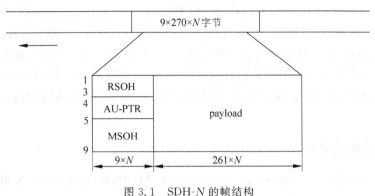

图 3.1　SDH-N 的帧结构

中是否有损坏,在将低速信号打包的过程中加入了监控开销字节——通道开销(path overhead,POH)字节。POH 作为净负荷的一部分与信息码块一起装载在 STM-N 这辆货车上在 SDH 网中传送,它负责对打包的货物(低速信号)进行通道性能监视、管理和控制(有点儿类似于传感器)。

举例说明,STM-1 信号可复用进 63×2Mb/s 的信号,那么换一种说法可将 STM-1 信号看成一条传输大道,那么在这条大路上又分成了 63 条小路,每条小路通过相应速率的低速信号,那么每一条小路就相当于一个低速信号通道,通道开销的作用就可以看成监控这些小路的传送状况了。这 63 个 2Mb/s 通道复合成了 STM-1 信号这条大路——此处可称为"段"了。所谓通道指相应的低速支路信号,POH 的功能就是监测这些低速支路信号在由 STM-N 这辆货车承载,在 SDH 网上运输时的性能。

**2. 段开销**

段开销(section overhead,SOH)是为了保证信息净负荷正常、灵活传送所必须附加的供网络运行、管理和维护(operations administration and maintenance,OAM)使用的字节。例如段开销可进行对 STM-N 这辆运货车中的所有货物在运输中是否有损坏进行监控,而 POH 的作用是当车上有货物损坏时,通过它来判定具体是哪一件货物出现损坏。也就是说 SOH 完成对货物整体的监控,POH 是完成对某一件特定的货物进行监控。当然,SOH 和 POH 还有一些管理功能。

段开销又分为再生段开销(regenerator SOH,RSOH)和复用段开销(multiplex SOH,MSOH),分别对相应的段层进行监控。我们讲过段其实也相当于一条大的传输通道,RSOH 和 MSOH 的作用也就是对这一条大的传输通道进行监控。

那么,RSOH 和 MSOH 的区别是什么呢？ 一句话,二者的区别在于监管的范围不同。举个简单的例子,若光纤上传输的是 2.5G 信号,那么,RSOH 监控的是 STM-16 整体的传输性能,而 MSOH 则是监控 STM-16 信号中每一个 STM-1 的性能情况。

RSOH、MSOH、POH 提供了对 SDH 信号的层层细化的监控功能。例如 2.5G 系统,RSOH 监控的是整个 STM-16 的信号传输状态;MSOH 监控的是 STM-16 中每一个 STM-1 信号的传输状态;POH 则是监控每一个 STM-1 中每一个打包了的低速支路信号(例如 2Mb/s)的传输状态。这样通过开销的层层监管功能,使你可以方便地从宏观(整体)和微观(个体)的角度来监控信号的传输状态,便于分析、定位。

再生段开销在 STM-$N$ 帧中的位置是第 1～3 行的第 1～9×$N$ 列,共 3×9×$N$ 字节;复用段开销在 STM-$N$ 帧中的位置是第 5～9 行的第 1～9×$N$ 列,共 5×9×$N$ 字节。与 PDH 信号的帧结构相比较,段开销丰富是 SDH 信号帧结构的一个重要的特点。

### 3. 管理单元指针

管理单元指针(administration unit pointer,AU-PTR)位于 STM-$N$ 帧中第 4 行的 9×$N$ 列,共 9×$N$ 字节,AU-PTR 起什么作用呢? 我们讲过 SDH 能够从高速信号中直接分/插出低速支路信号(例如 2Mb/s),为什么会这样呢? 这是因为低速支路信号在高速 SDH 信号帧中的位置有预见性,也就是有规律性。预见性的实现就在于 SDH 帧结构中指针开销字节功能。AU-PTR 是用来指示信息净负荷的第一个字节在 STM-$N$ 帧内的准确位置的指示符,以便收端能根据这个位置指示符的值(指针值)正确分离信息净负荷。这句话怎样理解呢? 若仓库中以堆为单位存放了很多货物,每堆货物中的各件货物(低速支路信号)的摆放是有规律性的(字节间插复用),那么若要定位仓库中某件货物的位置就只要知道这堆货物的具体位置就可以了,也就是说只要知道这堆货物的第一件货物放在哪儿,然后通过本堆货物摆放位置的规律性,就可以直接定位出本堆货物中任一件货物的准确位置,这样就可以直接从仓库中搬运(直接分/插)某一件特定货物(低速支路信号)。AU-PTR 的作用就是指示这堆货物中第一件货物的位置。

其实指针有高、低阶之分,高阶指针是 AU-PTR,低阶指针是 TU-PTR(支路单元指针),TU-PTR 的作用类似于 AU-PTR,只不过所指示的货物堆更小一些而已。

## 3.2.2 SDH 复用映射结构

SDH 的复用包括两种情况:一种是低阶的 SDH 信号复用成高阶 SDH 信号;另一种是低速支路信号(例如 2Mb/s、34Mb/s、140Mb/s)复用成 SDH 信号 STM-$N$。

第一种情况在前面已有所提及,复用主要通过字节间插复用方式来完成,复用的个数是四合一,即 4×STM-1→STM-4,4×STM-4→STM-16。在复用过程中保持帧频不变(8000 帧/s),这就意味着高一级的 STM-$N$ 信号速率是低一级的 STM-$N$ 信号速率的 4 倍。在进行字节间插复用过程中,各帧的信息净负荷和指针字节按原值进行间插复用,而段开销则会有些取舍。在复用成的 STM-$N$ 帧中,SOH 并不是所有低阶 SDH 帧中的段开销间插复用而成,而是舍弃了一些低阶帧中的段开销。

第二种情况用得最多的就是将 PDH 信号复用进 STM-$N$ 信号中去。传统的将低速信号复用成高速信号的方法有两种:比特塞入法,又叫做码速调整法,这种方法利用固定位置的比特塞入指示来显示塞入的比特是否载有信号数据,允许被复用的净负荷有较大的频率差异(异步复用)。它的缺点是因为存在一个比特塞入和去塞入的过程(码速调整),而不能将支路信号直接接入高速复用信号或从高速信号中分出低速支路信号,也就是说不能直接从高速信号中上/下低速支路信号,要一级一级地进行。这种比特塞入法就是 PDH 的复用方式。

还有一种方法是固定位置映射法。这种方法利用低速信号在高速信号中的相对固定的位置来携带低速同步信号,要求低速信号与高速信号同步,也就是说帧频相一致。它的特点在于可方便地从高速信号中直接上/下低速支路信号,但当高速信号和低速信号间出现频差和相差(不同步)时,要用 $125\mu$s(8000fps)缓存器来进行频率校正和相位对准,导致信号较大延时和滑动损伤。

从上面看出这两种复用方式都有一些缺陷,比特塞入法无法直接从高速信号中上/下低速支路信号;固定位置映射法引入的信号时延过大。

SDH 网的兼容性要求 SDH 的复用方式既能满足异步复用(例如将 PDH 信号复用进 STM-N),又能满足同步复用(例如 STM-1→STM-4),而且能方便地由高速STM-N 信号分/插出低速信号,同时不造成较大的信号时延和滑动损伤,这就要求SDH 需采用自己独特的一套复用步骤和复用结构。在这种复用结构中,通过指针调整定位技术来取代 $125\mu$s 缓存器,用于校正支路信号频差和实现相位对准,各种业务信号复用进 STM-N 帧的过程都要经历映射(相当于信号打包)、定位(相当于指针调整)、复用(相当于字节间插复用)三个步骤。

ITU-T 规定了一整套完整的复用结构(也就是复用路线),通过这些路线可将PDH 的三个系列的数字信号以多种方法复用成 STM-N 信号。ITU-T 规定的复用路线如图 3.2 所示。

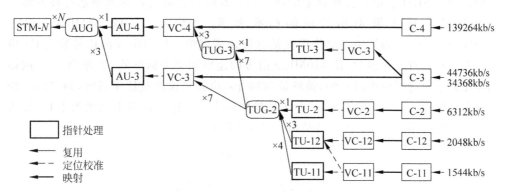

图 3.2　G.709 复用映射结构

从图 3.2 中可以看到,此复用结构包括了一些基本的复用单元:C—容器,VC—虚容器,TU—支路单元,TUG—支路单元组,AU—管理单元,AUG—管理单元组,这些复用单元的下标表示与此复用单元相应的信号级别。在图中从一个有效负荷到STM-N 的复用路线不是唯一的,有多条路线(也就是说有多种复用方法)。例如,2Mb/s 的信号有两条复用路线,也就是说可用两种方法复用成 STM-N 信号。注意,

8Mb/s 的 PDH 信号是无法复用成 STM-N 信号的。

尽管一种信号复用成 SDH 的 STM-N 信号的路线有多种,但是对于一个国家或地区则必须使复用路线唯一化。我国的光同步传输网技术体制规定了以 2Mb/s 信号为基础的 PDH 系列作为 SDH 的有效负荷,并选用 AU-4 的复用路线,其结构如图 3.3 所示。

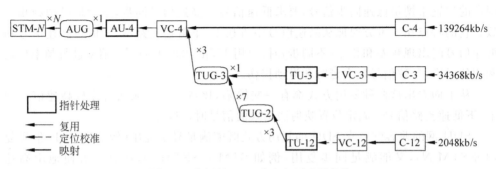

图 3.3  我国的 SDH 基本复用映射结构

下面分别讲述 2Mb/s、34Mb/s、140Mb/s 的 PDH 信号是如何复用进 STM-N 信号中的。

### 1. 把 140Mb/s PDH 信号复用进 STM-N 信号

把 140Mb/s 复用进 STM-N 信号的方法是:首先将 140Mb/s 的 PDH 信号经过码速调整(比特塞入法)适配进 C4,C4 是用来装载 140Mb/s 的 PDH 信号的标准信息结构。参与 SDH 复用的各种速率的业务信号都应首先通过码速调整适配技术装进一个与信号速率级别相对应的标准容器:2Mb/s——C12、34Mb/s——C3、140Mb/s——C4。容器的主要作用就是进行速率调整。140Mb/s 的信号装入 C4 也就相当于将其打了个包封,使 140Mb/s 信号的速率调整为标准的 C4 速率。C4 的帧结构是以字节为单位的块状帧,帧频是 8000fps,也就是说经过速率适配,140Mb/s 的信号在适配成 C4 信号时已经与 SDH 传输网同步了。这个过程也就相当于 C4 装入异步 140Mb/s 的信号。C4 的帧结构如图 3.4 所示。

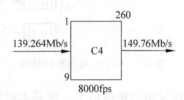

图 3.4  C4 的帧结构图

C4 信号的帧有 260 列×9 行(PDH 信号在复用进 STM-N 中时,其块状帧一直保持是 9 行),那么 E4 信号适配速率后的信号速率(也就是 C4 信号的速率)为:8000fps×9 行×260 列×8b=149.760Mb/s。所谓对异步信号进行速率适配,其实际含义就是指当异步信号的速率在一定范围内变动时,通过码速调整可将其速率转换为标准速率。在这里,E4 信号的速率范围是 $(139.264\pm15\times10^{-6})$ Mb/s(G.703 规范标准)=(139.261~139.266) Mb/s,那么通过速率适配可将这个速率范围的 E4 信号,调整成标准的 C4 速率 149.760Mb/s,也就是说能够装入 C4 容器。

为了能够对 140Mb/s 的通道信号进行监控,在复用过程中要在 C4 的块状帧前加上一列通道开销字节(高阶通道开销 VC4-POH),此时信号成为 VC4 信息结构,如图 3.5 所示。

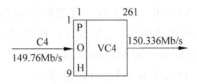

图 3.5　VC4 结构图

VC4 是与 140Mb/s 的 PDH 信号相对应的标准虚容器,此过程相当于对 C4 信号再打一个包封,将对通道进行监控管理的开销(POH)打入包封中去,以实现对通道信号的实时监控。

虚容器(virtual container,VC)的包封速率也是与 SDH 网络同步的,不同的 VC(例如与 2Mb/s 相对应的 VC12、与 34Mb/s 相对应的 VC3)是相互同步的,而虚容器内部却允许装载来自不同容器的异步净负荷。虚容器这种信息结构在 SDH 网络传输中保持其完整性不变,也就是可将其看成独立的单位(货包),十分灵活和方便地在通道中任一点插入或取出,进行同步复用和交叉连接处理。

其实,从高速信号中直接定位上/下的是相应信号的 VC 这个信号包,然后通过打包/拆包来上/下低速支路信号。

在将 C4 打包成 VC4 时,要加入 9 个开销字节,位于 VC4 帧的第一列,这时 VC4 的帧结构,就成了 9 行×261 列。从中可以发现,STM-N 的帧结构中,信息净负荷为 9 行×261×N 列,当为 STM-1 时,即为 9 行×261 列,VC4 其实就是 STM-1 帧的信息净负荷。将 PDH 信号经打包成 C,再加上相应的通道开销而成 VC 这种信息结构,这个过程就叫映射。

货物都打成了标准的包封,现在就可以往 STM-N 这辆车上装载了。装载的位置是其信息净负荷区。在装载货物(VC)的时候会出现这样一个问题,当货物装载的速度和货车等待装载的时间(STM-N 的帧周期 125μs)不一致时,就会使货物在车厢内的位置"浮动",那么在收端怎样才能正确分离货物包呢? SDH 采用在 VC4 前附加一个管理单元指针(AU-PTR)来解决这个问题。此时信号由 VC4 变成了管理单元 AU-4 这种信息结构,如图 3.6 所示。

AU-4 这种信息结构已初具 STM-1 信号的雏形——9 行×270 列,只不过缺少 SOH 部分而已,这种信息结构其实也算是将 VC4 信息包再加了一个包封——AU-4。

管理单元为高阶通道层和复用段层提供适配功能,由高阶 VC 和 AU 指针组成。

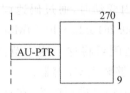

图 3.6  AU-4 结构图

AU 指针的作用是指明高阶 VC 在 STM 帧中的位置。通过指针的作用,允许高阶 VC 在 STM 帧内浮动,即允许 VC4 和 AU-4 有一定的频偏和相差;一句话,容忍 VC4 的速率和 AU-4 包封速率(装载速率)有一定的差异。这个过程形象地看,就是允许货物的装载速度与车辆的等待时间有一定的时间差异。这种差异性不会影响收端正确的定位、分离 VC4。尽管货物包可能在车厢内(信息净负荷区)"浮动",但是 AU-PTR 本身在 STM 帧内的位置是固定的。其中,AU-PTR 不在净负荷区,而是和段开销在一起。这就保证了收端能正确的在相应位置找到 AU-PTR,进而通过 AU 指针定位 VC4 的位置,进而从 STM-N 信号中分离出 VC4。

一个或多个在 STM 帧中占用固定位置的 AU 组成 AUG 管理单元组。

最后,将 AUG 加上相应的 SOH 合成 STM-1 信号,N 个 STM-1 信号通过字节间插复用成 STM-N 信号。

### 2. 把 34Mb/s PDH 信号复用进 STM-N 信号

把 34Mb/s 复用进 STM-N 信号的方法是:将 34Mb/s 的信号先经过码速调整使其适配到相应的标准容器——C3 中,然后加上相应的通道开销 C3 打包成 VC3,此时的帧结构是 9 行×85 列。为了便于收端定位 VC3,以便能将它从高速信号中直接拆离出来,在 VC3 的帧上加了 3 字节的指针——TU-PTR(支路单元指针),注意 AU-PTR 是 9 字节。此时的信息结构是支路单元 TU-3(与 34Mb/s 的信号相应的信息结构),支路单元提供低阶通道层(低阶 VC,例如 VC3)和高阶通道层之间的桥梁,也就是高阶通道(高阶 VC)拆分成低阶通道(低阶 VC),或低阶通道复用成高阶通道的中间过渡信息结构。

其中,TU-PTR 用以指示低阶 VC 的起点在支路单元 TU 中的具体位置。与 AU-PTR 很类似,AU-PTR 是指示 VC4 起点在 STM 帧中的具体位置,实际上二者的工作机理也很类似。可以将 TU 类比成一个小的 AU-4,那么在装载低阶 VC 到 TU 中时也就要有一个定位的过程——加入 TU-PTR 的过程。

此时的帧结构 TU3 如图 3.7 所示。

TU3 的帧结构有点残缺,先将其缺口部分补上,如图 3.8 所示的帧结构。

图中 R 为塞入的伪随机信息,这时的信息结构为 TUG3——支路单元组。

3 个 TUG3 通过字节间插复用方式,复合成 C4 信号结构,复合过程如图 3.9 所示。

因为 TUG3 是 9 行×86 列的信息结构,所以 3 个 TUG3 通过字节间插复用方

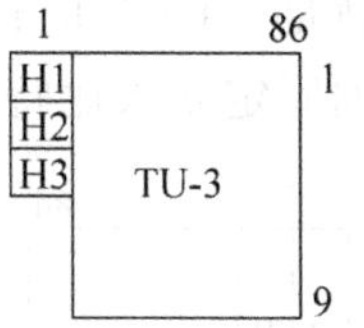

图 3.7　装入 TU-PTR 后的 TU3 结构图

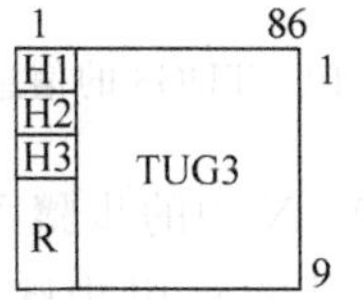

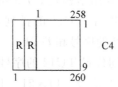

图 3.8　填补缺口后的 TU3 帧结构图

1　　　　258<br>
R R　　C4<br>
1　　　　260

图 3.9　C4 帧结构图

45

式复合后的信息结构是 9 行×258 列的块状帧结构,而 C4 是 9 行×260 列的块状帧结构。于是在 3×TUG3 的合成结构前面加两列塞入比特,使其成为 C4 的信息结构。

这时剩下的工作就是将 C4→STM-N 中去了,过程同前面所讲的将 140Mb/s 信号复用进 STM-N 信号的过程类似:C4→VC4→AU-4→AUG→STM-N。

**3. 把 2Mb/s PDH 信号复用进 STM-N 信号**

当前运用得最多的复用方式是将 2Mb/s 信号复用进 STM-N 信号中,它也是 PDH 信号复用进 SDH 信号最复杂的一种复用方式。

首先,将 2Mb/s 的 PDH 信号经过速率适配装载到对应的标准容器 C12 中,为了便于速率的适配采用了复帧的概念,即将 4 个 C12 基帧组成一个复帧。C12 的基帧帧频也是 8000fps,那么 C12 复帧的帧频就成了 2000fps。

为了在 SDH 网的传输中能实时监测任一个 2Mb/s 通道信号的性能,需将 C12 再打包——加入相应的通道开销(低阶通道开销),使其成为 VC12 的信息结构。

为了使收端能正确定位 VC12 的帧,在 VC12 复帧的 4 个缺口上再加上 4 字节的 TU-PTR,这时信号的信息结构就变成了 TU12,9 行×4 列。TU-PTR 指示复帧中第一个 VC12 的起点在 TU12 复帧中的具体位置。

3 个 TU12 经过字节间插复用合成 TUG-2,此时的帧结构是 9 行×12 列。

7 个 TUG-2 经过字节间插复用合成 TUG3 的信息结构。请注意 7 个 TUG-2 合成的信息结构是 9 行×84 列,为满足 TUG3 的信息结构 9 行×86 列,则需在 7 个 TUG-2 合成的信息结构前加入两列固定塞入比特,如图 3.10 所示。

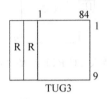

图 3.10　TUG3 的信息结构

TUG3 信息结构再复用进 STM-N 中的步骤则与前面所讲的一样。

从 2Mb/s 复用进 STM-N 信号的复用步骤可以看出 3 个 TU12 复用成 1 个 TUG2,7 个 TUG2 复用成 1 个 TUG3,3 个 TUG3 复用进 1 个 VC4,1 个 VC4 复用进 1 个 STM-1,也就是说,2Mb/s 的复用结构是 3-7-3 结构。由于复用的方式是字节间插方式,所以在一个 VC4 中的 63 个 VC12 的排列方式不是顺序排列的。头一个 TU12 的序号和紧跟其后的 TU12 的序号相差 21。

其中,计算同一个 VC4 中不同位置 TU12 的序号的公式:VC12 序号＝TUG3 编号＋(TUG2 编号－1)×3＋(TU12 编号－1)×21。TU12 的位置在 VC4 帧中相邻是指 TUG3 编号相同,TUG2 编号相同,而 TU12 编号相差为 1 的两个 TU12。此处指的编号是指 VC4 帧中的位置编号,TUG3 编号范围:1～3;TUG2 编号范围:1～7;TU12 编号范围:1～3。TU12 序号是指本 TU12 在 VC4 帧 63 个 TU12 的按复用先后顺序的第几个 TU12,如图 3.11 所示。

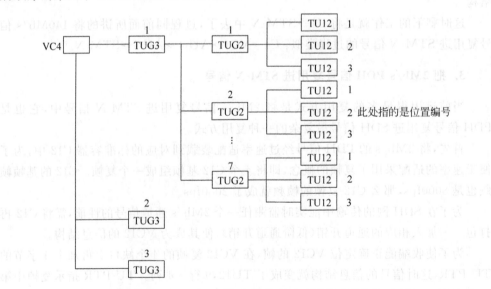

图 3.11　VC4 中 TUG3、TUG2、TU12 的排放结构

以上讲述了中国所使用的 PDH 数字系列复用到 STM-N 帧中的方法和步骤,对

这方面的内容希望读者能理解,因为它是以后提高维护设备能力的最基本的知识,也是接下来深入学习 SDH 原理的基础。

### 3.2.3  映射、定位和复用的概念

上述将低速 PDH 支路信号复用成 STM-N 信号过程中分别经历了 3 种不同步骤:映射、定位、复用。

**1. 映射**

映射(mapping)是一种在 SDH 网络边界处(例如 SDH/PDH 边界处),将支路信号适配进虚容器的过程。例如,将各种速率(140Mb/s、34Mb/s、2Mb/s 和 45Mb/s)PDH 支路信号先经过码速调整,分别装入到各自相应的标准容器 C 中,再加上相应的通道开销,形成各自相应的虚容器 VC 的过程,称为映射。映射的逆过程称为去映射或解映射。

为了适应各种不同的网络应用情况,有异步、比特同步、字节同步 3 种映射方法与浮动 VC 和锁定 TU 两种映射模式。

1) 异步映射

异步映射是一种对映射信号的结构无任何限制(信号有无帧结构均可),也无须与网络同步(例如 PDH 信号与 SDH 网不完全同步),利用码速调整将信号适配进 VC 的映射方法。在映射时通过比特塞入形成与 SDH 网络同步的 VC 信息包;在解映射时,去除这些塞入比特,恢复出原信号的速率,也就是恢复出原信号的定时。因此说低速信号在 SDH 网中传输有定时透明性,即在 SDH 网边界处收发两端的此信号速率一致(定时信号相一致)。

此种映射方法可从高速信号中(STM-N)中直接分/插出一定速率级别的低速信号(例如 2Mb/s、34Mb/s、140Mb/s)。因为映射的最基本的不可分割单位是这些低速支路信号,所以分/插出来的低速信号的最低级别也就是相应的这些速率级别的支路信号。

目前我国实际应用情况是:2Mb/s 和 34Mb/s PDH 支路信号都采用正/零/负码速调整的异步映射方法;45Mb/s 和 140Mb/s 则都采用正码速调整的异步映射方法。

2) 比特同步映射

比特同步映射对支路信号的结构无任何限制,但要求低速支路信号与网同步,无须通过码速调整即可将低速支路信号装入相应的 VC。注意,VC 时刻都是与网同步的。原则上讲,此种映射方法可从高速信号中直接分/插出任意速率的低速信号,因为在 STM-N 信号中可精确定位到 VC。由于此种映射是以比特为单位的同步映射,那么在 VC 中可以精确地定位到所要分/插的低速信号所在的具体比特位置上。这样理论上就可以分/插出所需的那些比特,由此根据所需分/插的比特不同,可上/下不同速率的低速支路信号。异步映射将低速支路信号定位到 VC 一级就不能再深入细化地

定位了,所以拆包后只能分出与 VC 相应速率级别的低速支路信号。比特同步映射类似于将以比特为单位的低速信号(与网同步)复用进 VC 中,在 VC 中每个比特的位置是可预见的。

目前我国实际应用情况是:不采用比特同步映射方法。

3)字节同步映射

字节同步映射是一种要求映射信号具有字节为单位的块状帧结构,并与网同步,无须任何速率调整即可将信息字节装入 VC 内规定位置的映射方式。在这种情况下,信号的每一个字节在 VC 中的位置是可预见的(有规律性),也就相当于将信号按字节间插方式复用进 VC 中,那么从 STM-N 中可直接下 VC,而在 VC 中由于各字节位置的可预见性,于是可直接提取指定的字节出来。所以,此种映射方式就可以直接从 STM-N 信号中上/下 64kb/s 或 $N \times 64$kb/s 的低速支路信号。

目前我国实际应用情况是:只在少数将 64kb/s 交换功能设置在 SDH 设备中时,2M kb/s 信号才采用锁定模式的字节同步映射方法。

4)浮动 VC 模式

浮动 VC 模式是指 VC 净负荷在 TU 内的位置不固定,由 TU-PTR 指示 VC 起点的一种工作方式。它采用 TU-PTR 和 AU-PTR 两层指针来容纳 VC 净负荷与 STM-N 帧的频差和相差,引入的信号时延最小(约 $10\mu$s)。

采用浮动模式时,VC 帧内可安排 VC-POH,可进行通道级别的端对端性能监控。前述 3 种映射方法都能以浮动模式工作。前面讲的映射方法:2Mb/s、34Mb/s、140Mb/s 映射进相应的 VC,就是异步映射浮动模式。

我们要注意当前最通用的异步映射浮动模式的特点。

异步映射浮动模式最适用于异步/准同步信号映射,包括将 PDH 信号映射进 SDH 通道的应用,它能直接上/下低速 PDH 支路信号,但是不能直接上/下 PDH 支路中的 64kb/s 信号。异步映射接口简单,引入映射时延少,可适应各种结构和特性的数字信号,是一种最通用的映射方式,也是 PDH 向 SDH 过渡期内必不可少的一种映射方式。当前各厂家的设备绝大多数采用的是异步映射浮动模式。

浮动字节同步映射接口复杂但能直接上/下 64kb/s 和 $N \times 64$kb/s 信号,主要用于不需要一次群接口的数字交换机互连和两个需直接处理 64kb/s 和 $N \times 64$kb/s 业务的节点间的 SDH 连接。

最后,必须强调指出,PDH 各级速率的信号和 SDH 复用中的信息结构具有一一对应关系:2Mb/s—C-12—VC-12—TU-12,34Mb/s—C-3—VC-3—TU-3,140Mb/s—C-4—VC-4—AU-4;通常 PDH 各级速率的信号,也可用相应的信息结构来表示,例如用 VC-12 表示 PDH 的 2Mb/s 信号。

**2. 定位**

定位(alignment)是一种当支路单元或管理单元适配到它的支持层帧结构时,将帧偏移量收进支路单元或管理单元的过程。它依靠 TU-PTR 或 AU-PTR 功能来实现。定位校准总是伴随指针调整事件同步进行的。

**3. 复用**

复用(multiplex)是一种使多个低阶通道层的信号适配进高阶通道层(例如 TU-12(×3)→TUG-2(×7)→TUG-3(×3)→VC-4),或把多个高阶通道层信号适配进复用段层的过程(例如 AU-4(×1)→AUG(×N)→STM-N)。复用的基本方法是将低阶信号按字节间插后再加上一些塞入比特和规定的开销形成高阶信号,这就是 SDH 的复用。在 SDH 映射复用结构中,各级的信号都取了特定的名称,例如 TU-12、TUG-2、VC-4 和 AU-4 等。复用的逆过程称为解复用。

# 3.3 SDH 网络

## 3.3.1 SDH 网络的常见网元

SDH 传输网是由不同类型的网元通过光缆线路连接组成的,通过不同的网元完成 SDH 网的传送功能:上/下业务、交叉连接业务、网络故障自愈等。下面讲述 SDH 网中常见网元的特点和基本功能。

**1. 终端复用器**

终端复用器(terminal multiplexer,TM)用在网络的终端站点上,例如一条链的两个端点上,它是一个双端口器件,如图 3.12 所示。

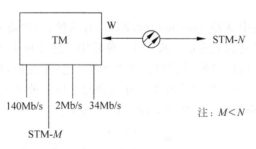

图 3.12  TM 模型

它的作用是将支路端口的低速信号复用到线路端口的高速信号 STM-N 中,或从 STM-N 的信号中分出低速支路信号。注意,它的线路端口输入输出一路 STM-N 信号,而支路端口却可以输入输出多路低速支路信号。在将低速支路信号复用进 STM-N 帧(将低速信号复用到线路)上时,有一个交叉的功能,例如,可将支路的一个 STM-1 信号复用进线路上的 STM-16 信号中的任意位置上,也就是指复用在 1~16 个 STM-1 的任一个位置上。将支路的 2Mb/s 信号可复用到一个 STM-1 中 63 个 VC12 的任一个位置上去。对于华为设备,TM 的线路端口(光口)一般以西向端口默认表示。

### 2. 分/插复用器

分/插复用器(add-drop multiplexer,ADM)用于 SDH 传输网络的转接站点处,例如链的中间节点或环上节点,是 SDH 网上使用最多、最重要的一种网元,它是一个三端口的器件,如图 3.13 所示。

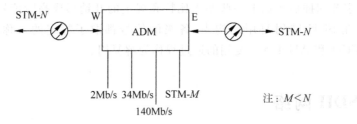

注:$M < N$

图 3.13　ADM 模型

ADM 有两个线路端口和一个支路端口。两个线路端口各接一侧的光缆(每侧收/发共两根光纤),为了描述方便我们将其分为西(W)向、东向(E)两个线路端口。ADM 的作用是将低速支路信号交叉复用进东或西向线路上去,或从东/西侧线路端口收的线路信号中拆分出低速支路信号。另外,还可将东/西向线路侧的 STM-$N$ 信号进行交叉连接。

ADM 是 SDH 最重要的一种网元,通过它可等效成其他网元,即能完成其他网元的功能,例如,一个 ADM 可等效成两个 TM。

### 3. 再生中继器

光传输网的再生中继器(regenerator,REG)有两种,一种是纯光的再生中继器,主要进行光功率放大以延长光传输距离;另一种是用于脉冲再生整形的电再生中继器,主要通过光/电变换、电信号抽样、判决、再生整形、电/光变换,以达到不积累线路噪声,保证线路上传送信号波形的完好性。此处讲的是后一种再生中继器,REG 是双端口器件,只有两个线路端口——W、E,如图 3.14 所示。

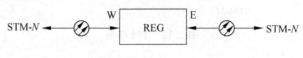

图 3.14　电再生中继器

它的作用是将 W/E 侧的光信号经 O/E、抽样、判决、再生整形、E/O 在 E 或 W 侧发出。注意,REG 与 ADM 相比仅少了支路端口,所以 ADM 若本地不上/下话路(支路不上/下信号)时,完全可以等效一个 REG。

真正的 REG 只需处理 STM-$N$ 帧中的 RSOH,且不需要交叉连接功能(W-E 直通即可),而 ADM 和 TM 因为要完成将低速支路信号分/插到 STM-$N$ 中,所以不仅要处理 RSOH,而且还要处理 MSOH;另外,ADM 和 TM 都具有交叉复用能力(有交叉连接功能),因此用 ADM 来等效 REG 有点大材小用了。

#### 4. 数字交叉连接设备

数字交叉连接(digital cross connect,DXC)设备完成的主要是 STM-N 信号的交叉连接功能,它是一个多端口器件,它实际上相当于一个交叉矩阵,完成各个信号间的交叉连接,如图 3.15 所示。

图 3.15　DXC 功能图

DXC 可将输入的 $m$ 路 STM-N 信号交叉连接到输出的 $n$ 路 STM-N 信号上,上图表示有 $m$ 条入光纤和 $n$ 条出光纤。DXC 的核心是交叉连接,功能强的 DXC 能完成高速(例 STM-16)信号在交叉矩阵内的低级别交叉(例如 VC12 级别的交叉)。

通常用 DXC$m/n$ 来表示一个 DXC 的类型和性能(注 $m{\geqslant}n$),$m$ 表示可接入 DXC 的最高速率等级,$n$ 表示在交叉矩阵中能够进行交叉连接的最低速率级别。$m$ 越大表示 DXC 的承载容量越大;$n$ 越小表示 DXC 的交叉灵活性越大。$m$ 和 $n$ 的相应数值的含义如表 3.2 所示。

表 3.2　$m$、$n$ 数值与速率对应表

| $m$ 或 $n$ | 0 | 1 | 2 | 3 | 4 | 5 | 6 |
|---|---|---|---|---|---|---|---|
| 速率 | 64kb/s | 2Mb/s | 8Mb/s | 34Mb/s | 140Mb/s 155Mb/s | 622Mb/s | 2.5Gb/s |

## 3.3.2　基本的网络拓扑结构

SDH 网是由 SDH 网元设备通过光缆互连而成的,网络节点(网元)和传输线路的几何排列就构成了网络的拓扑结构。网络的有效性(信道的利用率)、可靠性和经济性在很大程度上与其拓扑结构有关。

网络拓扑的基本结构有链形、星形、树形、环形和网孔形,如图 3.16 所示。

#### 1. 链形网

此种网络拓扑是将网中的所有节点一一串联,而首尾两端开放。这种拓扑的特点是较经济,在 SDH 网的早期用得较多,主要用于专网(如铁路网)中。

51

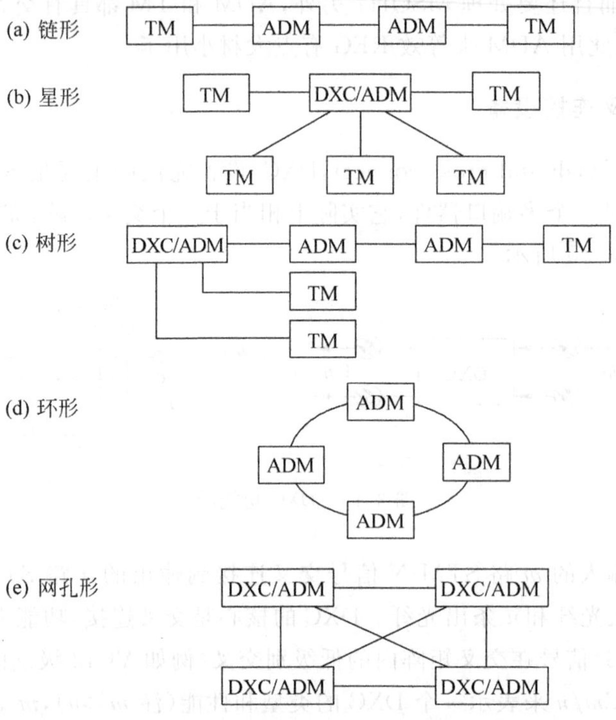

(a) 链形

(b) 星形

(c) 树形

(d) 环形

(e) 网孔形

图 3.16　基本网络拓扑图

## 2. 星形网

此种网络拓扑是将网中一网元作为特殊节点与其他各网元节点相连,其他各网元节点互不相连,网元节点的业务都要经过这个特殊节点转接。这种网络拓扑的特点是可通过特殊节点来统一管理其他网络节点,利于分配带宽,节约成本,但存在特殊节点的安全保障和处理能力的潜在瓶颈问题。特殊节点的作用类似交换网的汇接局,此种拓扑多用于本地网(接入网和用户网)。

## 3. 树形网

此种网络拓扑可看成是链形拓扑和星形拓扑的结合,也存在特殊节点的安全保障和处理能力的潜在瓶颈。

## 4. 环形网

环形拓扑实际上是指将链形拓扑首尾相连,从而使网上任何一个网元节点都不对外开放的网络拓扑形式。这是当前使用最多的网络拓扑形式,主要是因为它具有很强的生存性,即自愈功能较强。环形网常用于本地网(接入网和用户网)、局间中继网。

### 5．网孔形网

将所有网元节点两两相连，就形成了网孔形网络拓扑。这种网络拓扑为两网元节点间提供多个传输路由，使网络的可靠性更强，不存在瓶颈问题和失效问题。但是由于系统的冗余度高，必会使系统有效性降低，成本高且结构复杂。网孔形网主要用于长途网，以确保网络的高可靠性。

当前用得最多的网络拓扑是链形和环形，通过它们的灵活组合，可构成更加复杂的网络。

# 3.4 光传送网

## 3.4.1 光传送网的产生

光传送网(optical transport network，OTN)是在 SDH 光传送网和 WDM 光纤系统的基础上发展起来的。

如图 3.17(a)所示的是具有线路放大光器的光纤链路。光线路放大器(OLA)代替原来的电中继再生器是光纤技术发展中迈出的重大一步。光放大器具有比电中继再生器价格便宜、容易安装和透明传输的特点，正是由于它是透明器件，所以无须更换放大器就可以扩容(提高链路的比特率)，引入 WDM 技术(多个波长通道传输信号，相当于一根光纤上有多个虚拟光纤，从而成倍地提高通信容量)。如图 3.17(b)、图 3.17(c)、图 3.17(d)所示的是 SDH 光传送网的发展，由于使用了分插复用设备(ADM)和数字交叉连接设备(DXC)使得简单的点到点光纤链路由 SDH 光传送网代替。分插复用设备有两种类型即线形 ADM(L)和环形 ADM(R)，分别应用于线形网和环形网。其主要功能在高数据速率数据(如 STM-4，STM-16 等)分出或插入低速率(如 STM-1，STM-4 等)的数据。数字交叉连接设备 DXC 是实现在数据等级如 VC12、VC4 等上的数据交换。

## 3.4.2 OTN 的基本概念及特点

光传送网(OTN)是由 OTN 网络单元(network element，NE)组成的在光域上进行客户信息的传输、复用和交叉连接的光纤网络。由于在光域上完成信息的传输、复用、交叉连接，因此减少了电/光和光/电转换，其容量突破了电子瓶颈。最重要的是没有一个网络节点处理客户信息，因此实现了对客户信息的透明传输。OTN 的基本网元有光缆线路系统、WDM 复用器(TM)、光分插复用器(optical ADM，OADM)和光交叉连接设备(optical cross connect，OXC)。这里主要介绍 OTN 的两个重要网元：OADM 和 OXC。

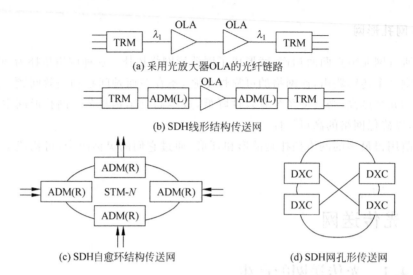

图 3.17　光传送网的演变

OADM 主要完成在 $N$ 个波长中,取出或插入一个波长,类同 SDH 光传送网中的 ADM(一个波长取出/插入低速数据),其内部典型结构如图 3.18 所示。多波长信道经 TM 后分为监控波长信道、工作波长信道、监控波长送控制中心、工作波长送光开关阵列,由控制中心决定是直通或是取出。插入波长信道由控制中心决定送出,光放大器用来补偿由于 TM 和光开关插入引起的功率损耗。波长变换器(W-C)用来将拥塞的波长转换到另一波长实现透明传送。OXC 主要完成波长之间交叉连接,类同 SDH 光传送网中的 DXC(单个波长上数据之间的交叉连接)。

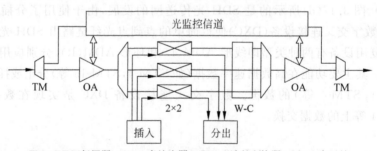

TM—WDM 复用器;OA—光放大器;W-C—波长变换器;2×2—光开关

图 3.18　OADM 的节点结构

OTN 由 SDH 网络演化而来,因而它们具有相似性。从网络组成上看,SDH 有 TM、ADM、DXC 等几种网元,网络拓扑结构有点到点的线性结构。ADM 组成的自愈环网如图 3.17(c)所示和 DXC 组成的自愈网如图 3.17(d)所示。OTN 也与此类似。有背对背的 WDM 终端 TM、OADM、OXC 等几种网元,在网络拓扑结构上也要经过点对点线性结构,逐步转变到自愈环和网孔形结构。自愈环结构相比网孔形结构有明显优势:

① OADM 节点结构简单,因而比 OXC 节点经济。

② 具有相对较少的倒换步骤,因而透明性好、网络的损耗小、跨距增加。

③ 通过环网的互联可以组成规模大的网络。

全光网(all-optical network,AON)是指信息从源节点到目的节点完全在光域进行,即全部采用光波技术完成信息的传输和交换的宽带网络。它包括光传输、光放大、光再生、光选路、光交换、光存储、光信息处理等先进的全光技术。全光网有如下特点:

(1) 充分利用了光纤的带宽资源,有极大的传输容量和极好的传输质量。WDM技术的采用开发了光纤的带宽资源,光域的组网减少了电光和光电变换,突破了电子瓶颈。

(2) 全光网最重要的优点是开放性。全光网本质上是完全透明的,即对不同的速率、协议、调制频率和制式的信号同时兼容,并允许几代设备(PDH/SDH/ATM)甚至与 IP 技术共存,共同使用光纤基础的设施。

(3) 全光网不仅在于扩大容量,更重要的是易于实现网络的动态重构,可为大业务量的节点建立直通(cut-through)的光通道。利用光分插复用器(OADM)可实现不同节点灵活地上/下波长,利用光交叉连接(OXC)实现波长路由选择动态重构、网间互连、自愈功能。

(4) 采用虚波长通道(VP)技术。解决了网络的可扩展性,节约网络资源(光纤、节点规模、波长数)。当然还有如网络的吞吐量大、简化网络结构等特点,这里只列出了几个主要特点。

# 第**4**章

# 基于SDH的光传输实训指导

## 4.1 SDH 设备总体介绍

本实验平台为华为公司最新一代 SDH 光传输设备,其在传输网中的地位如图 4.1 所示。本设备采用多 ADM 技术,根据不同的配置需求,可以同时提供 E1、64K 语音、10M/100M、34M/45M 等多种接口,满足现代通信网对复杂组网的需求。根据实际需要和配置,目前提供 E1、64K 语音、10M/100M 3 种接口。实验终端通过局域

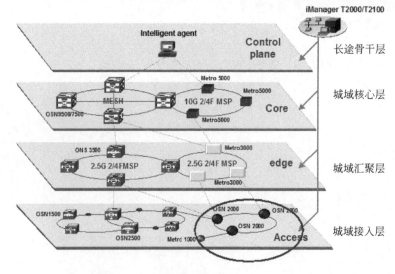

图 4.1 SDH 设备在传输网络中的地位

网(LAN)采用 SERVER/CLIENT 方式和光传输网元通信,并完成对网元业务的设置、数据修改、监视等来来达到用户管理的目的。本实验平台提供传输设备有 OPTIX METRO1000 传输速率为 STM-4(即 622M)。该设备应用于城域传输网中的接入层,可与 OSN 9500、OptiX 10G、OptiX OSN 2500、OptiX OSN 2000、OptiX Metro 3000 混合组网。

## 4.1.1 OptiX 155/622H(METRO 1000)设备介绍

OptiX 155/622H 是华为技术有限公司根据城域网现状和未来发展趋势,开发的新一代光传输设备,它融 SDH、Ethernet、PDH 等技术为一体,实现了在同一个平台上高效地传送语音和数据业务。OptiX 155/622H 的设备外形如图 4.2 所示。

图 4.2 OptiX 155/622H 的设备外形图

其中,OptiX 155/622H 的功能包括以下 7 个方面。

### 1. 强大的接入容量

OptiX 155/622H 线路速率可以灵活配置为 STM-1 或 STM-4。

E1 的接入容量:

OptiX 155/622H 最多提供 112 路 E1 电接口,IU1、IU2 和 IU3 都配置为 SP2D (16 路 E1),IU4 配置为 PD2T(48 路 E1),SCB 板的电接口单元配置为 SP2D,如图 4.3 所示。

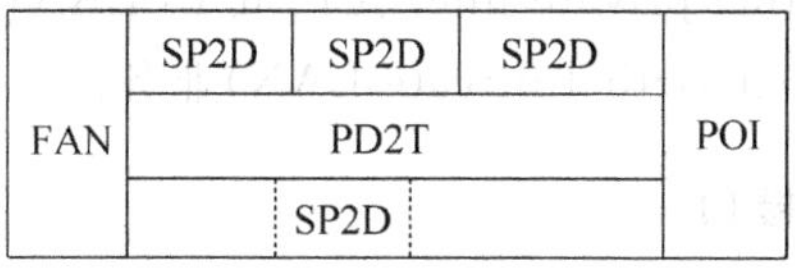

| FAN | SP2D | SP2D | SP2D | POI |
|-----|------|------|------|-----|
|     | PD2T | | | |
|     |      | SP2D | | |

图 4.3 E1 配置

STM-1 的接入容量:

OptiX 155/622H 最多提供 8 路 STM-1 光接口,IU1、IU2 和 IU3 都配置双光口板 OI2D,SCB 板的光接口单元也配置为 OI2D,如图 4.4 所示。

STM-4 的接入容量:

OptiX 155/622H 最多提供 5 路 STM-4 光接口,IU1、IU2 和 IU3 都配置 OI4,SCB 板的光接口单元配置为 OI4D,如图 4.5 所示。

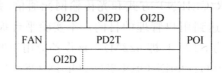

图 4.4　STM-1 配置

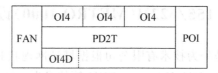

图 4.5　STM-4 配置

### 2. 高集成度设计

OptiX 155/622H 子架尺寸为 436mm(长)×293mm(宽)×86mm(高),有 IU1、IU2、IU3、IU4 和 SCB 共 5 个槽位。

### 3. 以太网业务接入

OptiX 155/622H 实现了数据业务的传输和汇聚。

(1) 支持 10M/100M 以太网业务的接入和处理;

(2) 支持 HDLC(high level data link control)、LAPS(link access procedure-SDH)或 GFP(generic framing procedure)协议封装;

(3) 支持以太网业务的透明传输、汇聚和二层交换;

(4) 支持 LCAS(link capacity adjustment scheme),可以充分提高传输带宽效率;

(5) 支持 L2 VPN(virtual private network)业务,可以实现 EPL(ethernet private line)、EVPL(ethernet virtual private line)、EPLn/EPLAN(ethernet private LAN)和 EVPLn/EVPLAN(ethernet virtual private LAN)业务。

### 4. 业务接口和管理接口

OptiX 155/622H 提供多种业务接口和管理接口,如表 4.1 所示。

表 4.1　OptiX 155/622H 提供的业务和管理接口

| 接 口 类 型 | 描　　　述 |
| --- | --- |
| SDH 业务接口 | STM-1 光接口:I-1、S-1.1、L-1.1、L-1.2<br>STM-4 光接口:I-4、S-4.1、L-4.1、L-4.2 |
| PDH 业务接口 | E1 |
| 以太网业务接口 | 10Base-T、100Base-TX |

| 接 口 类 型 | 描　　述 |
|---|---|
| 时钟接口 | 2 路 75 Ω 和 120 Ω 外时钟接口<br>时钟信号可选为 2048kb/s 或 2048kHz |
| 告警接口 | 4 路输入 2 路输出的开关量告警接口 |
| 管理接口 | 4 路透明传输串行数据的辅助数据口<br>1 路以太网网管接口 |
| 公务接口 | 1 个公务电话接口 |

**5. 交叉能力**

OptiX 155/622H 交叉容量是 26×26 VC-4。

**6. 业务接入能力**

OptiX 155/622H 通过配置不同类型、不同数量的单板实现不同容量的业务接入，它的各种业务的最大接入能力如表 4.2 所示。

表 4.2　OptiX 155/622H 的业务接入能力

| 业 务 类 型 | 最大接入能力 |
|---|---|
| STM-4 | 5 路 |
| STM-1 | 8 路 |
| E1 业务 | 112 路 |
| 快速以太网(FE)业务 | 12 路 |

**7. 组网形式和网络保护**

OptiX 155/622H 是 MADM(multi add/drop multiplexer)系统，可提供 10 路 ECC(embedded control channel)的处理能力，支持 STM-1/STM-4 级别的线形网、环形网、枢纽形网络、环带链、相切环和相交环等复杂网络拓扑。

OptiX 155/622H 支持单双向通道保护、二纤复用段环保护、线性复用段保护等网络级保护。

## 4.1.2　单板类型

OptiX 155/622H 系统以交叉单元为核心，由 SDH 接口单元、PDH/以太网接口单元、交叉单元、时钟单元、主控单元、公务单元组成。OptiX 155/622H 系统结构如图 4.6 所示，各个单元所包括的单板及功能如表 4.3 所示。

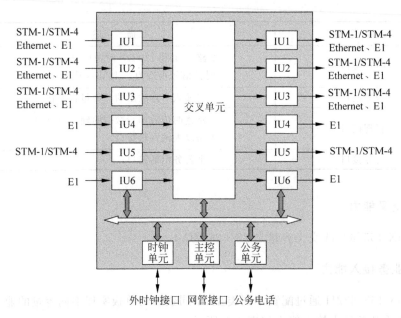

图 4.6　OptiX 155/622H 系统结构图

**表 4.3　单板所属单元及相应的功能**

| 系 统 单 元 | 所包括的单板 | 单 元 功 能 |
|---|---|---|
| SDH 接口单元 | OI4、OI4D、OI2D、OI2S | 接入并处理 STM-1/STM-4 光信号 |
| PDH 接口单元 | SP1S、SP1D、SP2D、PD2S、PD2D、PD2T | 接入并处理 E1 信号 |
| 以太网接口单元 | ET1/ET1O/ET1D/EF1 | 接入并处理 10BASE-T，100BASE-TX 以太网电信号 |
| 交叉单元 | SCB | 完成 SDH、PDH 信号之间的交叉连接；为设备提供系统时钟。提供系统与网管的接口；对 SDH 信号的开销进行处理 |
| 主控单元 | | |
| 公务单元 | | |

　　OptiX 155/622H 设备除了 IU4 板位可以插 SCB 板，还有 4 个板位(IU1、IU2、IU3 和 IU4)可供插入各种业务接口板。设备的板位图如图 4.7 所示，可供选用的单板如表 4.4 所示。

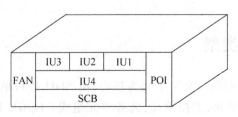

图 4.7　OptiX 155/622H 板位图

表 4.4   OptiX 155/622H 单板资源配置

| 单板名称 | 单 板 全 称 | 可插板位 | 接 口 类 型 |
| --- | --- | --- | --- |
| OI2S | 1 路 STM-1 光接口板 | IU1 IU2 IU3 | Ie-1、S-1.1、L-1.1、L-1.2,SC/PC |
| OI2D | 2 路 STM-1 光接口板 | IU1 IU2 IU3 | Ie-1、S-1.1、L-1.1、L-1.2,SC/PC |
| OI4 | 1 路 STM-4 光接口板 | IU1 IU2 IU3 | Ie-4、S-4.1、L-4.1、L-4.2,SC/PC |
| SP1S | 4 路 E1 电接口板 | IU1 IU2 IU3 | 120Ω E1 接口 |
| SP1D | 8 路 E1 电接口板 | IU1 IU2 IU3 | 75Ω E1 接口 |
| SP2D | 16 路 E1 电接口板 | IU1 IU2 IU3 | 120Ω/75Ω E1 接口 |
| PD2S | 16 路 E1 电接口板 | IU4 | 120Ω/75Ω E1 接口 |
| PD2D | 32 路 E1 电接口板 | IU4 | 120Ω/75Ω E1 接口 |
| PD2T | 48 路 E1 电接口板 | IU4 | 120Ω/75Ω E1 接口 |
| SCB | 系统控制板 | SCB | 提供 2 路外时钟输入、输出接口,与网管的接口,1 路公务电话,4 路数据接口,4 入 2 出开关量接口<br>2×STM-1/STM-4 光接口和 16E1 电接口<br>Ie-1、S-1.1、L-1.1、L-1.2,SC/PC<br>Ie-4、S-4.1、L-4.1、L-4.2,SC/PC |
| ET1 | 8 路以太网业务接口板 | IU4 | 支持以太网透明传输 |
| ET1O | 8 路以太网业务接口板 | IU4 | 支持以太网二层交换 |
| ET1D | 2 路以太网业务接口板 | IU1 IU2 IU3 | 支持以太网二层交换 |
| EF1 | 6 路以太网业务接口板 | IU4 | 支持以太网二层交换 |
| FAN | 风扇板 | FAN | — |
| POI | 防尘网和滤波板 | POI | 2 路−48V DC 或+24V DC 电源 |

# 4.2   SDH 设备管理配置方法介绍

### 1. 实验目的

通过对 SDH 命令行的讲解,结合 SDH 设备进行命令行演示,让学生了解设备的调试配置以及 EB 实验平台的使用方法。

### 2. 实验器材

- SDH 设备 3 套(METRO1000)。
- 实验用维护终端。

### 3. 实验内容说明

对命令行进行现场输入演示讲解,演示 EB 实验平台使用方法。

### 4.2.1  EB 平台的操作

图 4.8 描述的是本实验平台中各终端是如何与光传输平台的所有 3 台设备进行通信的,首先所有的光传输设备以及所有的学生实验终端和 EB 平台服务器均通过网线连接到同一个实验室交换机上,这样只要连接的所有设备终端配置同一个 IP 网段地址就可以相互通信。

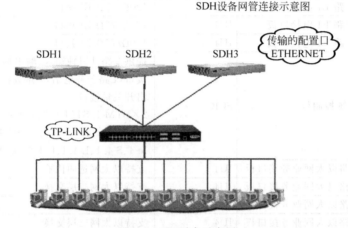

图 4.8  EB 平台示意图

在实验的时候各个学生终端并不直接与各个 SDH 设备通信,而是先登录到 EB 服务器上,由 EB 平台服务器给所有的学生终端统一安排实验时间,这样保证实验的顺利进行。

图 4.9 是进行各种实验时 EB 平台操作的一般步骤(在实验前,老师需要在 EB 的服务器启动各台传输设备的验证模式):

(1) 在 Windows—9X/2000/XP 中启动 Ebridge_Client 客户端软件,可以通过双击屏幕上的 Ebridge_Client 的快捷图标,或在"资源管理器"中双击 Ebridge_Client 程序来启动 Ebridge 软件,成功启动 Ebridge 软件后,出现如图 4.9(a)所示的界面,在这里输入 EB 服务器的 IP 地址 129.9.0.10,单击【确定】按钮。

(2) Ebridge 软件程序启动后,会出来很多台传输设备,选择一个需要操作的设备并单击,在打开的登录窗口输入用户名和密码(用户名:szhw、密码:nesoft),如图 4.9(b)所示。

(3) 用户名密码正确后将出现"申请席位成功""占用席位成功"等一系列提示窗口,如图 4.9(c)所示,连续单击【确定】按钮后进入操作界面,此时在软件右上角将出现本操作人员登录设备后的剩余操作时间,此时在本软件中可以直接对网元设备进行数据操作。

(4) 当学生终端占用操作席位后,即可输入命令行,如图 4.9(d)所示。可以单条执行,也可以执行批处理,单条执行时候,可以在【命令输入行】框内输入命令,按Enter 键执行命令,如图 4.9(e)所示。

(a) 程序启动界面

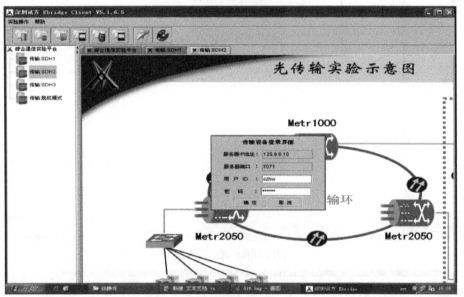

(b) 登录界面

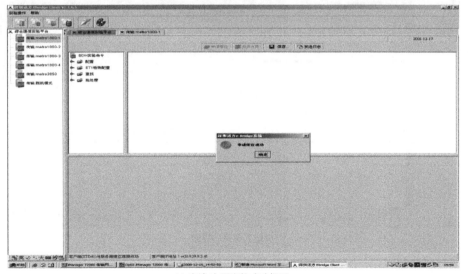

(c) 申请/占用席位成功提示

图 4.9　EB 平台操作步骤示意图

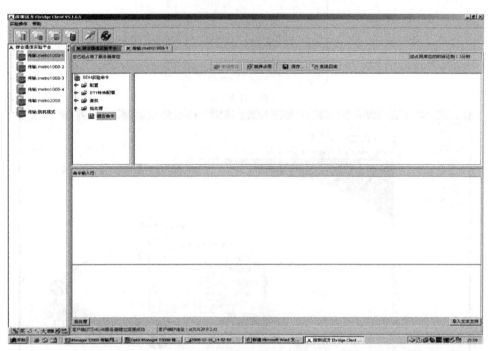

(d) 占用操作席位后界面

(e) 输入命令后界面

图 4.9 （续）

(f) 导入文本文件脚本

(g) 顺序批处理命令

图 4.9 （续）

（5）采用批处理命令执行时，单击软件右下角的【导入文本文件】按钮，在打开的窗口里选择事先完成的命令行脚本文件，然后单击【打开】按钮，如图 4.9(f)所示。在批处理框内就会出现脚本里的命令行数据，可以对脚本内容进行修改，成为合适实验内容的命令行，此时单击软件左下角的【批处理】按钮，软件就自动顺序执行窗口中所有的命令行数据，如图 4.9(g)所示。

## 4.2.2 命令行的学习

### 1. 命令行介绍

1）格式

[ ♯neid]:command[:[＜aid＞]:[para_block:] … [:para_block]];

说明：[ ]里的内容可以省略。

neid：命令执行的网元 ID。

command：命令。

aid：命令接入点标识，目前只限于配置命令需要的逻辑系统，不需要逻辑系统号的命令此项省略，但后面的冒号不可省略。

para_block：参数块，含有一个或多个参数赋值。

2）分隔符说明

命令开始："："冒号。

命令结束："；"分号。

参数块分隔符："："冒号。

参数间分隔符："，"逗号。

名字定义型参数名和参数值间分隔符："="等号。

命令执行（又称命令接入）点分隔符：开始符"＜"，结束符"＞"（命令执行点目前仅有配置类命令使用，一般为逻辑系统号）。

注意：以上的分隔符应全部采用英文（半角）标点，不能采用中文（全角）标点，否则将导致命令下发失败。

3）数组的重复输入

数组的重复输入利用信息组合符"＆"和"＆＆"构成，格式为：

item1＆item2——表示 item1 和 item2；

item1＆＆item2——表示 item1 到 item2；

＆ 和 ＆＆ 可以组合，例如 1＆3＆＆5 可以表示 1、3、4、5，1＆＆3＆5＆＆7 可以表示 1、2、3、5、6、7。

4）命令名字

一般由 3 个部分组成，即模块名、操作、操作对象。模块名有 um（用户管理）、cfg（配置）、alm（告警）、per（性能）、ecc（ECC）、dbms（数据库）、sys（系统）等；操作有 del、 create、set、get、cancel 等;操作对象因模块而异。

典型举例:登录用户名为 szhw 的网元:

♯1:login:"szhw","nesoft";

查询当前网元上所有单板的当前告警:

:alm - get - curdata:0,0;

5) 查询各个命令的使用

每一个命令,很可能是带有很多的参数,4.0 版主控程序也提供了各个命令如何使用的在线帮助,只要在命令(不带参数)的后面加上"/?",就可查询到该命令的具体使用。如 cfg-set-ohppara/?。

注释和屏蔽:对于以两个反斜杠"//"开头所有的文字,命令行软件不下发给网元,作为解释说明。

### 2. SDH 设备的命令行书写规范

在 EB 平台中导入到 SDH 设备中的是各种命令行语句,由设备自行翻译实现相应的功能,需要对这些命令行语句有一定的了解才能进行下一步的学习,下面将把 OptiX 155/622H(METRO1000)系统大部分主要的命令行语句在这里分类进行介绍。

1) 登录网元

♯1:login:"szhw","nesoft"

其中,♯1 为网元 ID,szhw 为用户名,nesoft 为密码。

2) 初始化网元设备

:cfg - init < sysall >;

在做新的配置前,需要对网元进行初始化操作,清除网元所有数据。

3) 设置网元整体参数

:cfg - set - devicetype:OptiXM1000V300,subrackI

其中,OptiXM1000V300 表示设备类型,subrackI 表示设备的子架类型。

4) 设置网元名称

:cfg - set - nename:64,"sdh1";

"64"表示允许的字符串长度,"sdh1"为网元名称。

5) 配置单板

:cfg - add - board:1,oi4:2,oi4:3,eft:4,pd2s;

其中,1、2、3、4 为单板槽位,oi4、eft、pd2s 为单板类型。

1 板位可安装的单板有：

oi2s, oi2d, oi4, sde, sle, sb2d, sb2l, sb2r, sp1s, sp1d, sp2d, n64, efs, eft, egs, elt2, et1d, pe3s, pe3d, pe3t, pt3s, pt3d, pt3t, sm1s, sm1d, shlq。

2 板位可安装的单板有：

oi2s, oi2d, oi4, sde, sle, sb2d, sb2l, sb2r, sp1s, sp1d, sp2d, n64, efs, eft, egs, elt2, et1d, pe3s, pe3d, pe3t, pt3s, pt3d, pt3t, sm1s, sm1d, shlq。

3 板位可安装的单板有：

oi2s, oi2d, oi4, sde, sle, sb2d, sb2l, sb2r, sp1s, sp1d, sp2d, n64, efs, eft, egs, elt2, et1d, pe3s, pe3d, pe3t, pt3s, pt3d, pt3t, sm1s, sm1d, shlq, emu。

4 板位可安装的单板有：

pd2s, pd2d, pd2t, sl1q, sl1o, et1, et1o, ef1, pm2s, pm2d, pm2t, efsc, tda。

5 板位可安装的单板有：

oi2d，oi4d。

6 板位可安装的单板有：

sp2d。

21 板位可安装的单板有：

Cau。

6）配置公务电话

```
//设置电话长度
:cfg-set-tellen:14,3;
```

其中,14 为开销板位号；3 为电话号码长度,电话号码长度 3～8。

```
//设置寻址呼叫号码
:cfg-set-telnum:14,1,101;
```

其中,14 为开销板位号；1 为电话序号；1～1000 只能支持一路；101 为电话号码。

```
//设置会议电话号码
:cfg-set-meetnum:14,999;
```

其中,14 为开销板位号；999 为会议电话号码。

```
//设置寻址呼叫可用光口
:cfg-set-lineused:14,1,1,used;
```

其中,14 为开销板位号；1 为光口板位号；第二个 1 为单板上光口号；used 为光口可用。

```
//设置会议电话呼叫可用光口
:cfg-set-meetlineused:14,1,1,used
```

其中,14 为开销板位号；1 为光口板位号；第二个 1 为单板上光口号；used 为光口可用。

7）配系统时钟源及时钟级别：

```
:cfg-set-synclass:13,2,0x0501,0xf101;
```

其中，13 表示时钟板板位；2 为时钟源的个数；0x0501 表示时钟源编号（板位 1 单板的光口 1 作为参考源）；0xf101 表示时钟源编号（内部时钟源编号）。

8）配置交叉业务

```
//站 1--站 2    2*2M
:cfg-add-xc:0,1,1,1,1&&2,4,1&&2,0,0,vc12;
```

其中，0 表示交叉连接序号可选范围 0～1890；（0 表示由主机软件自动分配）；第一个 1 为源板位号，可选范围 1～6；第二个 1 为源端口号，可选范围 1～X，X 根据该板位安装的板类型确定；第三个 1 为源高阶通道号；1&&2 为源低阶通道号，表示 VC4 中的 1～2 的 2M 通道；4 为目标板位号，可选范围 1～6；第二个 1&&2 为目标端口号，表示第 4 块支路板的 1～2 的 2M 端口；第一个 0 为目标高阶通道号；第二个 0 为目标低阶通道号。

上述表示业务方向由西向东（即从线路至支路）。

```
:cfg-add-xc:0,4,1&&2,0,0,1,1,1&&2,vc12;
:cfg-add-xc:0,1,1,1,3&&12,2,1,1,3&&12,vc12; //业务穿通 由西向穿通东向
:cfg-add-xc:0,2,1,1,3&&12,1,1,1,3&&12,vc12; //业务穿通 由东向穿通西向
```

时隙配置的后面一定要加注释，以标明此时隙的去向。对于本站上下的 VC12 业务，注释的格式为"//本站名--对端站名 VC12*时隙个数"；对于 VC4 业务，注释格式为"//本站名--对端站名 VC4-第几个 VC4"，两端的 VC4 编号要一致（比如都为第一个 VC4）；对于本站穿通的业务，注释为"//穿通"，或注释更详细。可以将不同目的地的业务用空行分开。相信如此注释对自己也会有好处。

9）配置校验下发

:cfg-verify;  校验下发必须要做，相当于把硬件和配置互相比较。校验完成，设备开始工作。

10）查询网元状态

```
:cfg-get-nestate;
:cfg-add-sncppg:1&&4,rvt;      //增加子网连接保护组,4个保护组,组号1至4
:cfg-set-sncpbdmap:1&&4,work,1,1,1,1&&4,4,1&&4,0,0,vc12;
//配置子网连接保护的工作业务,4条业务,对应保护组号1至4,从9槽2光口1#VC4的1到
//4时隙交叉到4槽1到4支路2M
:cfg-set-sncpbdmap:1&&4,backup,2,1,1,1&&4,4,1&&4,0,0,vc12;
//配置子网连接保护的保护业务,4条业务,对应保护组号1至4,从9槽1光口1#VC4的1到
//4时隙交叉到4槽1到4支路2M
//上述4条数据构成子网保护业务的双发选收实现通道环的保护功能,正常工作时只有工作
//业务生效,当工作业务通道中断后,保护业务倒换成为工作用业务
```

11) 复用段定义配置命令

```
:cfg-add-rmspg:1,2fbi;                //增加复用段环保护组,组号为1,二纤双向环
:cfg-set-rmsbdmap:1,w1,2,1,1&&2;      //增加复用段环保护单元端口映射关系,组号1的西
                                      //向光口为2槽2口前两个VC4
:cfg-set-rmsbdmap:1,e1,1,1,1&&2;      //增加复用段环保护单元端口映射关系,组号1的东
                                      //向光口为2槽1口前两个VC4
:cfg-set-rmsattrib:1,0,1,2,600;       //定义复用段环保护组属性,操作这条命令的网元在
                                      //复用段保护组1中的节点号为0,西向节点号为1,
                                      //东向节点号为2,业务恢复等待时间为600s
```

12) 以太网透传业务配置相关命令

```
:ethn-cfg-set-portenable:3,ip1,enable;   //定义ET1板第一个外部端口可用
:ethn-cfg-set-tag:3,ip1&vctrunk1,access; //定义ET1板的第一个内部端口和外部端
                                         //口的TAG属性均为ACCESS方式,即VLAN
                                         //标志不起作用
:ethn-cfg-create-route:1,port,bi,3,ipport,ip1,1,3,vctrunk,vctrunk1,1;
//定义以太网静态路由配置,路由号为1,方式为端口路由,双向路由,由ET1板的第一个外部
//端口连接到本ET1板的第一个内部端口,且VLAN值均取默认值1
:ethn-cfg-set-vctrunk:3,vctrunk1,5,1&&5;
//将ET1的第一个内部端口绑定本板的5个VC12通道,通道号为1至5,使外部端口的带宽达
//到10M
```

下面所有实验中的脚本都在上述命令行中出现,只是参数存在变化,当了解了上述命令行的含义并结合各种实验的组网及业务实现方法,我们将可以把光传输设备的使用认识提高到新的层次。

# 4.3 SDH 光接口参数测试实验

## 1. 实验目的

通过本实验,让学生了解 SDH 光传输设备的光口、电口各种最常见的参数,从而对 SDH 的性能指标有大体的了解。

## 2. 实验器材

- SDH 设备 3 套。
- 光功率计 若干。
- 测试尾纤 若干。

## 3. 实验内容说明

本实验通过对单站点的调试和测试,让学生了解 SDH 各性能指标,并掌握 SDH 的部分测试方法。

**4. 实验步骤**

演示 1:光接口功率测量。

测试准备:

- 测试前一定要保证光纤连接头清洁、连接良好,包括光板拉手条上法兰盘的连接、清洁。
- 事先测试尾纤的衰耗。
- 单模和多模光接口应使用不同的尾纤。
- 测试尾纤应根据接口形状选用 FC/PC(圆头)或 SC/PC(方头)连接头的尾纤。
- 本演示采用 FC/PC 圆头尾纤连接。

发光功率测试如图 4.10 所示,测试操作如下。

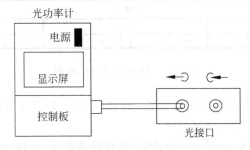

图 4.10 发光功率测试图

- 光功率计设置在被测波长上。
- 选择连接本站光接口输出端的尾纤(标记为 ↜)。
- 将此尾纤的另一端连接光功率计的测试输入口,待接收光功率稳定后,读出光功率值,即为该光接口板的发送光功率。
- 光功率计波长根据光板型号选择在"1550nm"或者"1310nm"。

本测试实验实际 ODF(optical distribution frame,光纤配线架)侧连接如图 4.11 所示。

其中,用跳纤从设备到 DDF 架上的发光口(最上面一排奇数口)跳至连接学生终端的光口,比如从 SDH1-1T 跳纤到 ODF0 的 13 口给第一个学生测试,从 SDH1-T 跳纤到 ODF0 的 14 口给挨着第一个学生的另外一个学生测试,以此类推。上面虚线的意思是从设备出来的光口跳纤即可以跳到该光口,也可以跳到实线的位置,分给两个学生测试。

通过光缆尾纤连接到 ODF 光分配架上,这样可以将光板的发光口、接收口延长到学生电脑桌上来,便于学生实验。学生可以直接在教学电脑桌前直接测试光功率。

ODF 架上的 2、4、6、10、12 偶数端口为光输出端口。测量光功率时应该将光功率计连接到光输出端口的光纤上。由于我们实验采用的光接口板为 OI4,该板的特性决定了,测量光功率时波长应该选择"1310nm"。

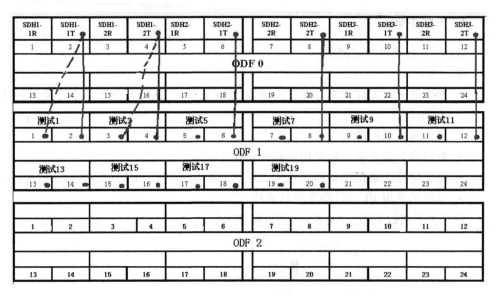

图 4.11　ODF 侧连接示意图

正常情况下,SDH 设备的发光功率应该在 $-8 \sim -15\mathrm{dbm}$ 之间。

演示 2:光接口灵敏度测试。

准备测试仪器:2M 误码仪一台、固定光衰减器若干、光功率计一台。

测试方法:

如图 4.12 所示,在同一台自环光路中逐个串接光衰减器,然后用自环线把 2M 误码仪串接在一个 2M 电接口的收发端(如果连接了 DDF 架,就在 DDF 架侧进行串接)。

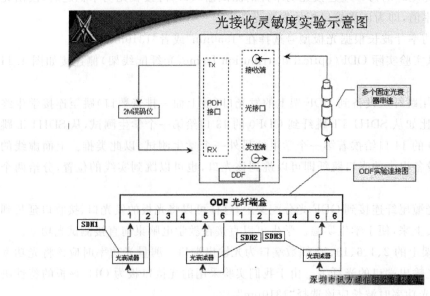

图 4.12　光接收灵敏度示意图

此时用 2M 误码仪测试串接的 2M 口应当无误码,逐步加大光衰减值(采用固定光衰耗器增加串联个数),直至出现误码,误码仪上有 AIS 等告警,而且该告警不能恢复,可以据此大致估测出光接收功率在接收灵敏度的临界值范围。拔下光接口板接收端的尾纤头连至光功率计,此时测量的接收光功率大致接近光接口的接收灵敏度。

以上连接可以由 3 套 SDH 同时做该实验。由于设备资源有限,教师实验前可把学生分成 6 个终端一组进行实验。

# 4.4　SDH 光传输点对点组网配置实验

**1. 实验目的**

通过本实验了解 2M 业务在点对点组网方式时的配置。

**2. 实验器材**

- Metro1000 传输设备　2 套。
- 实验用维护终端　若干。

**3. 实验内容说明**

采用点对点组网方式时,需要两套 SDH 设备,如图 4.13 所示。

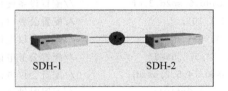

SDH-1　　　SDH-2

图 4.13　点对点组网方式示意图

本实验设备间光纤实际连接方式如图 4.14 所示。

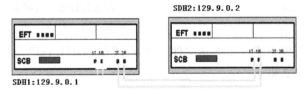

图 4.14　点对点组网方式光纤连接示意图

ODF 光纤配线架连接方式如图 4.15 所示。

本实验内容要求:将 SDH1 的第 1、2 个支路 2M 连通到 SDH2 的第 1、2 个支路。做本实验之前,参与实验学生应对 SDH 的原理、命令行有比较深刻的了解。

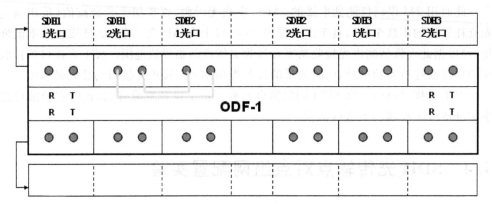

图 4.15 点对点组网方式 ODF 光纤配线架连接示意图

### 4. 实验步骤

首先按照业务要求准备好配置数据脚本。

SDH1 配置命令如下:

```
#1:login:"szhw","nesoft";                        //登录设备
:cfg - init - all;                               //初始配置数据
:cfg - set - devicetype:OptiXM1000V300,subrackI; //定义设备硬件类型
:cfg - set - nename:64,"SDH1";                   //定义设备名称
:cfg - add - board: 5,oi4d:6,sp2d:3,eft;         //配置设备硬件单板
:cfg - set - telnum:14,1,101;                    //配置公务电话
:cfg - set - meetnum:14,999                      //配置会议电话
:cfg - set - lineused: 14,5,2,used;              //配置公务电话可用光口
:cfg - set - meetlineused:14,5,2,used;           //配置会议电话可用口
:cfg - set - synclass:13,1,0xf101;               //配置时钟源
:cfg - add - xc:0,6,1&&2,0,0,5,2,1,1&&2,vc12;    //配置交叉业务,由支路连通到光路时隙
:cfg - add - xc:0,5,2,1,1&&2,6,1&&2,0,0,vc12;    //配置交叉业务,由光路时隙连通到支路
:cfg - verify;                                   //新数据校验生效
:cfg - get - nestate;                            //查询设备运行状态
:logout                                          //退出
```

将以上命令行编辑成一个文本文件:如"点到点 SDH1.txt"。

SDH2 配置命令如下:

```
#2:login:"szhw","nesoft";
:cfg - init - all;
:cfg - set - devicetype:OptiXM1000V300,subrackI;
:cfg - set - nename:64,"SDH2";
:cfg - add - board:5,oi4d:6,sp2d:3,eft;
:cfg - set - telnum:14,1,102;
:cfg - set - meetnum:14,999
```

```
:cfg - set - lineused:14,5,1,used;
:cfg - set - meetlineused:14,5,1,used;
:cfg - set - synclass:13,2,0x0501,0xf101;
:cfg - add - xc:0,6,1&&2,0,0,5,1,1&&2,vc12;
:cfg - add - xc:0,5,1,1&&2,6,1&&2,0,0,vc12;
:cfg - verify
:cfg - get - nestate;
:logout
```

将以上命令行编辑成一个文本文件：如"点到点 SDH2.txt"。

数据准备完成后通过 EB 平台对 SDH 进行配置（注：老师先启动 EB 服务器的验证模式），操作过程已在 4.2.1 节中叙述。

误码测试连接方式如图 4.16 所示。

图 4.16　误码测试连接方式示意图

以学生终端编号 1 号为例进行连线测试。

根据上述连接示意图找到对应的 2M 口；比如本实验中应该在 SDH1 的第一个 2M 进行自环，然后把 SDH2 的第一个 2M 跳接到学生桌面的测试口进行误码测试，业务正常情况下，5min 内误码应为 0。

误码仪的使用方法详见误码仪《产品使用说明书》，这里不再做详细介绍。

## 4.5 SDH 链形组网配置实验

### 1. 实验目的

通过本实验了解 2M 业务在链形组网方式时候的配置。

### 2. 实验器材

- 传输设备 3 套 (METRO1000)。
- 实验用维护终端 若干。
- 误码仪 1 台。

### 3. 实验内容说明

采用链形组网方式时,需要 3 套 SDH 设备,如图 4.17 所示。

SDH-1        SDH-2        SDH-3

图 4.17 链形组网方式示意图

设备间光纤连接方式如图 4.18 所示。

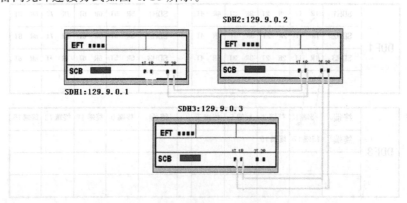

图 4.18 链形组网方式光纤连接示意图

ODF 光缆配线架连接方式如图 4.19 所示。

本实验内容要求:将 SDH1 的第 1、2 个支路 2M 连通到 SDH2 的第 1、2 个支路 SDH1 的第 3、4 个支路 2M 连通到 SDH3 的第 1、2 个支路。做本实验之前,参与实验学生应对 SDH 的原理、命令行有比较深刻的了解。

### 4. 实验步骤

首先按照业务要求准备好配置数据脚本。

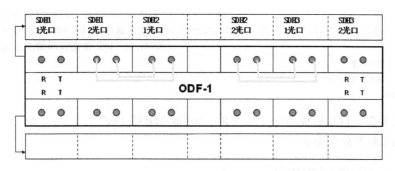

图4.19 链形组网方式ODF光纤配线架连接示意图

SDH1 配置命令如下：

```
#1:login:"szhw","nesoft";                       //登录设备
:cfg-init-all;                                  //初始配置数据
:cfg-set-devicetype:OptiXM1000V300,subrackI;    //定义设备硬件类型
:cfg-set-nename:64,"SDH1";                       //定义设备名称
:cfg-add-board:5,oi4d:6,sp2d:3,eft;             //配置设备硬件单板
:cfg-set-telnum:14,1,101;                       //配置公务电话
:cfg-set-meetnum:14,999                         //配置会议电话
:cfg-set-lineused:14,5,2,used;                  //配置公务电话可用光口
:cfg-set-meetlineused:14,5,2,used;              //配置会议电话可用光口
:cfg-set-synclass:13,1,0xf101;                  //配置时钟源
:cfg-add-xc:0,6,1&&4,0,0,5,2,1,1&&4,vc12;       //配置交叉业务,由支路连通到光路时隙
:cfg-add-xc:0,5,2,1,1&&4,6,1&&4,0,0,vc12;       //配置交叉业务,由光路时隙连通到支路
:cfg-verify;                                    //新数据校验生效
:cfg-get-nestate;                               //查询设备运行状态
:logout                                         //退出
```

将以上命令行编辑成一个文本文件：如"链 SDH1. txt"。

SDH2 配置命令如下：

```
#2:login:"szhw","nesoft";
:cfg-set-devicetype:OptiXM1000V300,subrackI;
:cfg-set-nename:64,"SDH2";
:cfg-init-all;
:cfg-add-board:5,oi4d:6,sp2d:3,eft;
:cfg-set-telnum:14,1,102;
:cfg-set-meetnum:14,999;
:cfg-set-lineused:14,5,1,used;
:cfg-set-lineused:14,5,2,used;
:cfg-set-meetlineused:14,5,1,used;
:cfg-set-meetlineused:14,5,2,used;
:cfg-set-synclass:13,2,0x0501,0xf101;
:cfg-add-xc:0,6,1&&2,0,0,5,1,1,1&&2,vc12;
:cfg-add-xc:0,5,1,1,1&&2,6,1&&2,0,0,vc12;
:cfg-add-xc:0,5,1,1,3&&4,5,2,1,3&&4,vc12;//配置穿通业务,将 SDH1 来的业务透传到
```

```
                                              //SDH3,在SDH2做光口间的业务交叉
:cfg-add-xc:0,5,2,1,3&&4,5,1,1,3&&4,vc12;//配置穿通业务,将SDH3来的业务透传到
                                              //SDH1,在SDH2做光口间的业务交叉
:cfg-verify
:cfg-get-nestate;
:logout
```

将以上命令行编辑成一个文本文件:如"链SDH2.txt"。

SDH3配置命令如下:

```
♯3:login:"szhw","nesoft";
:cfg-set-devicetype:OptiXM1000V300,subrackI;
:cfg-set-nename:64,"SDH3";
:cfg-init-all;
:cfg-add-board:5,oi4d:6,sp2d:3,eft;
:cfg-set-telnum:14,1,103;
:cfg-set-meetnum:14,999;
:cfg-set-lineused:14,5,1,used;
:cfg-set-meetlineused:14,5,1,used;
:cfg-set-synclass:13,2,0x0501,0xf101;
:cfg-add-xc:0,6,1&&2,0,0,5,1,1,3&&4,vc12;
:cfg-add-xc:0,5,1,1,3&&4,6,1&&2,0,0,vc12;
:cfg-verify
:cfg-get-nestate;
:logout
```

将以上命令行编辑成一个文本文件:如"链SDH2.txt"。

上机操作步骤以及光纤和误码仪连接情况同4.4节中所述的内容相似。

# 4.6 SDH环形组网(通道环)配置实验

## 1. 实验目的

• 通过本实验了解2M业务在环形组网方式时候的配置。
• 验证环形组网时的自愈保护功能。

## 2. 实验器材

• 传输设备　3套(METRO1000)。
• 实验用维护终端　若干。

## 3. 实验内容说明

采用环形组网方式时,需要3套SDH设备,如图4.20所示。要求配置成PP环

（单向通道保护环）。

图 4.20　通道环形组网方式示意图

以上实验均以上/下 2M 业务为主。实际连接方式如图 4.21 所示。

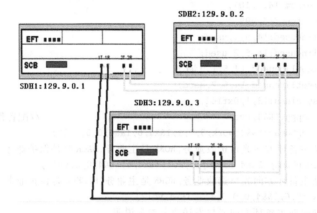

图 4.21　通道环形组网方式光纤连接示意图

ODF 光纤配线架连接方式如图 4.22 所示。

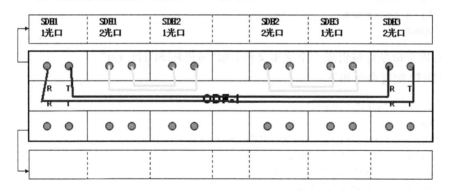

图 4.22　通道环形组网方式 ODF 光纤配线架连接示意图

　　本实验内容要求：将 SDH1 的第 1、2 个支路 2M 连通到 SDH2 的第 1、2 个支路
SDH1 的第 3、4 个支路 2M 连通到 SDH3 的第 1、2 个支路，断开 3 个点间某一段光纤
不会影响正在使用的业务。做本实验之前，参与实验学生应对 SDH 的原理、命令行
有比较深刻的了解。

## 4. 实验步骤

首先按照业务要求准备好配置数据脚本。

SDH1 配置命令如下：

```
#1:login:"szhw","nesoft";
:cfg-set-devicetype:OptiXM1000V300,subrackI;
:cfg-set-nename:64,"SDH1";
:cfg-init-all;
:cfg-add-board:5,oi4d:6,sp2d:3,eft;
:cfg-set-telnum:14,1,101;
:cfg-set-meetnum:14,999
:cfg-set-lineused:14,5,1,used;
:cfg-set-lineused:14,5,2,used;
:cfg-set-meetlineused:14,5,1,used;
:cfg-set-meetlineused:14,5,2,used;
:cfg-set-synclass:13,1,0xf101;
:cfg-add-sncppg:1&&4,rvt;                                    //配置保护组
:cfg-set-sncpbdmap:1&&4,work,5,1,1,1&&4,6,1&&4,0,0,vc12;
//配置支路从主备环方向光口选收业务,WORK 是主业务、BACKUP 是保护业务
:cfg-set-sncpbdmap:1&&4,backup,5,2,1,1&&4,6,1&&4,0,0,vc12;
//配置支路从主备环方向光口选收业务,WORK 是主业务、BACKUP 是保护业务
:cfg-add-xc:0,6,1&&4,0,0,5,1,1,1&&4,vc12;
//配置支路同时向主备环方向光口发送业务参数说明
:cfg-add-xc:0,6,1&&4,0,0,5,2,1,1&&4,vc12;
//配置支路同时向主备环方向光口发送业务
:cfg-verify;
:cfg-get-nestate;
:logout
```

将以上命令行编辑成一个文本文件：如"通道环 SDH1.txt"。

SDH2 配置命令如下：

```
#2:login:"szhw","nesoft";
:cfg-init-all;
:cfg-set-devicetype:OptiXM1000V300,subrackI;
:cfg-set-nename:64,"SDH2";
:cfg-add-board:5,oi4d:6,sp2d:3,eft;
:cfg-set-telnum:14,1,102;
:cfg-set-meetnum:14,999;
:cfg-set-lineused:14,5,1,used;
:cfg-set-lineused:14,5,2,used;
:cfg-set-meetlineused:14,5,1,used;
:cfg-set-synclass:13,2,0x0501,0xf101;
:cfg-add-sncppg:1&&2,rvt;
:cfg-set-sncpbdmap:1&&2,work,5,1,1,1&&2,6,1&&2,0,0,vc12;
:cfg-set-sncpbdmap:1&&2,backup,5,2,1,1&&2,6,1&&2,0,0,vc12;
:cfg-add-xc:0,6,1&&2,0,0,5,1,1,1&&2,vc12;
```

```
:cfg - add - xc:0,6,1&&2,0,0,5,2,1,1&&2,vc12;
:cfg - add - xc:0,5,1,1,3&&4,5,2,1,3&&4,vc12;
:cfg - add - xc:0,5,2,1,3&&4,5,1,1,3&&4,vc12;
:cfg - verify;
:cfg - get - nestate;
:logout
```

将以上命令行编辑成一个文本文件：如"通道环 SDH2. txt"。

SDH3 配置命令如下：

```
#3:login:"szhw","nesoft";
:cfg - init - all;
:cfg - set - devicetype:OptiXM1000V300,subrackI;
:cfg - set - nename:64,"SDH3";
:cfg - add - board:5,oi4d:6,sp2d:3,eft;
:cfg - set - telnum:14,1,103;
:cfg - set - meetnum:14,999;
:cfg - set - lineused:14,5,1,used;
:cfg - set - lineused:14,5,2,used;
:cfg - set - meetlineused:14,5,2,used;
:cfg - set - synclass:13,2,0x0501,0xf101;
:cfg - add - sncppg:1&&2,rvt;
:cfg - set - sncpbdmap:1&&2,work,5,1,1,3&&4,6,1&&2,0,0,vc12;
:cfg - set - sncpbdmap:1&&2,backup,5,2,1,3&&4,6,1&&2,0,0,vc12;
:cfg - add - xc:0,6,1&&2,0,0,5,1,1,3&&4,vc12;
:cfg - add - xc:0,6,1&&2,0,0,5,2,1,3&&4,vc12;
:cfg - add - xc:0,5,1,1,1&&2,5,2,1,1&&2,vc12;
:cfg - add - xc:0,5,2,1,1&&2,5,1,1,1&&2,vc12;
:cfg - verify;
:cfg - get - nestate;
:logout
```

将以上命令行编辑成一个文本文件：如"通道环 SDH3. txt"。

上机操作步骤以及光纤和误码仪连接情况同 4.4 节中所述的内容相似。

# 4.7　SDH 环形组网(复用段环)配置实验

## 1. 实验目的

- 通过本实验了解 2M 业务在环形组网方式时候的配置。
- 验证环形组网时的自愈保护功能。

## 2. 实验器材

- 传输设备　3 套(METRO1000)。
- 实验用维护终端　若干。

### 3. 实验内容说明

采用环形组网方式时,需要 3 套 SDH 设备,如图 4.23 所示。要求配置成 MSP 环(双向复用段保护环)。

图 4.23　复用环形组网方式示意图

以上实验均以上/下 2M 业务为主。实际连接方式如图 4.24 所示。

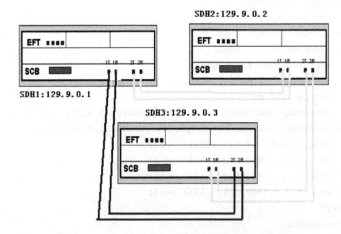

图 4.24　复用环形组网方式光纤连接示意图

ODF 光纤配线架连接方式如图 4.25 所示。

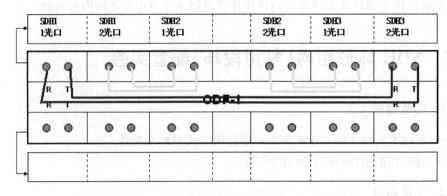

图 4.25　复用环形组网方式 ODF 光纤配线架连接示意图

本实验内容要求：将 SDH1 的第 1、2 个支路 2M 连通到 SDH2 的第 1、2 个支路，断开 SDH1 与 SDH2 间光纤不会影响正在使用的业务。做本实验之前，参与实验学生应对 SDH 的原理、命令行有比较深刻的了解。

### 4. 实验步骤

首先按照业务要求准备好配置数据脚本。

SDH1 配置命令如下：

```
#1:login:"szhw","nesoft";
:cfg - set - devicetype:OptiXM1000V300,subrackI;
:cfg - set - nename:64,"SDH1";
:cfg - init - all;
:cfg - add - board:5,oi4d:6,sp2d:3,eft;
:cfg - set - telnum:14,1,101;
:cfg - set - meetnum:14,999;
:cfg - set - lineused:14,5,1,used;
:cfg - set - lineused:14,5,2,used;
:cfg - set - meetlineused:14,5,1,used;
:cfg - set - meetlineused:14,5,2,used;
:cfg - add - rmspg:1,2fbi;                //定义一个复用段保护组,二纤双向环
:cfg - set - rmsbdmap:1,w1,5,1,1&&2;    //定义 5 槽 1 光口为西向光口
:cfg - set - rmsbdmap:1,e1,5,2,1&&2;    //定义 5 槽 2 光口为东向光口
:cfg - set - rmsattrib:1,0,2,1,600;     //定义复用段环中的位置关系,SDH1 节点号为 0、SDH2
//节点号为 1、SDH3 节点号为 2,则 SDH1 的西向节点为 SDH3 即节点号 2,则 SDH1 的东向节点为
//SDH2 即节点号 1
:cfg - add - xc:0,5,2,1,1&&2,6,1&&2,0,0,vc12;
:cfg - add - xc:0,6,1&&2,0,0,5,2,1,1&&2,vc12;
:cfg - verify;
:cfg - get - nestate;
:logout
```

将以上命令行编辑成一个文本文件：如"复用段 SDH1.txt"。

SDH2 配置命令如下：

```
#2:login:"szhw","nesoft";
:cfg - init - all;
:cfg - set - devicetype:OptiXM1000V300,subrackI;
:cfg - set - nename:64,"SDH2";
:cfg - add - board:5,oi4d:6,sp2d:3,eft;
:cfg - set - telnum:14,1,102;
:cfg - set - meetnum:14,999;
:cfg - set - lineused:14,5,1,used;
:cfg - set - lineused:14,5,2,used;
:cfg - set - meetlineused:14,5,1,used;
:cfg - set - synclass:13,2,0x0501,0xf101;
:cfg - add - rmspg:1,2fbi;
:cfg - set - rmsbdmap:1,w1,5,1,1&&2;
```

```
:cfg-set-rmsbdmap:1,e1,5,2,1&&2;
:cfg-set-rmsattrib:1,1,0,2,600;      //定义复用段环中的位置关系,SDH2 的西向节点为
//SDH3 即节点号 2,SDH2 的东向节点为 SDH1 即节点号 0
:cfg-add-xc:0,5,1,1,1&&2,6,1&&2,0,0,vc12;
:cfg-add-xc:0,6,1&&2,0,0,5,1,1,1&&2,vc12;
:cfg-verify;
:cfg-get-nestate;
:logout
```

将以上命令行编辑成一个文本文件：如"复用段 SDH2.txt"。

SDH3 配置命令如下：

```
#3:login:"szhw","nesoft";
:cfg-init-all;
:cfg-set-devicetype:OptiXM1000V300,subrackI;
:cfg-set-nename:64,"SDH3";
:cfg-add-board:5,oi4d:6,sp2d:3,eft;
:cfg-set-telnum:14,1,103;
:cfg-set-meetnum:14,999;
:cfg-set-lineused:14,5,1,used;
:cfg-set-lineused:14,5,2,used;
:cfg-set-meetlineused:14,5,2,used;
:cfg-set-synclass:13,2,0x0501,0xf101;
:cfg-add-rmspg:1,2fbi;
:cfg-set-rmsbdmap:1,w1,5,1,1&&2;
:cfg-set-rmsbdmap:1,e1,5,2,1&&2;
:cfg-set-rmsattrib:1,2,1,0,600;      //定义复用段环中的位置关系,SDH3 的西向节点为
//SDH3 即节点号 0,SDH2 的东向节点为 SDH2 即节点号 1,这样在这个环中定义好了三个设备的
//节点关系,可以实现业务的自动保护而不需要做专门的保护数据
:cfg-verify;
:cfg-get-nestate;
:logout
```

将以上命令行编辑成一个文本文件：如"复用段 SDH3.txt"。

上机操作步骤以及光纤和误码仪连接情况同 4.4 节中所述的内容相似。

# 4.8　以太网口业务配置实验

## 1. 实验目的

通过本实验了解以太网接口板的配置和工作方式。

## 2. 实验器材

- METRO1000　2 套。
- 实验用维护终端　若干。

- 网线、HUB若干。

### 3. 实验内容说明

用 SDH 光传输网络来传输 IP 信号是近年来通信网络 MSTP 传输技术发展在实际中的最新具体应用,是 IP OVER SDH 技术的具体表现,本实验就是为学生进一步掌握该新技术而设立的。其实现的原理如图 4.26 所示。

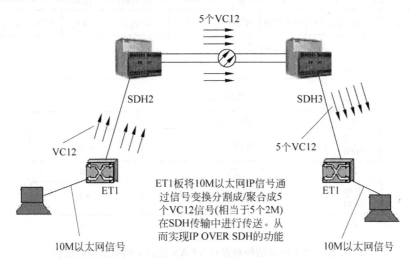

图 4.26　以太网接口连接方式原理

做本实验之前,我们应该先了解以下相关知识。

(1) LAN(虚拟局域网):逻辑上把网络资源和网络用户按照一定的原则进行划分,把一个物理上实际的网络划分成多个小的逻辑网络。这些小的逻辑网络形成各自的广播域,也就是虚拟局域网(VLAN),如图 4.27 所示。

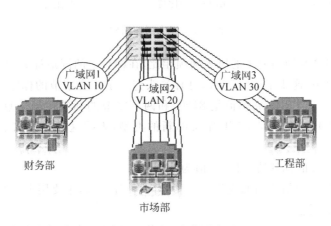

图 4.27　LAN 的划分方式

不同域(VLAN)之间不能互相访问,广播报文不能跨越这些广播域传送。相当于是单独的一个局域网一样。

(2) 802.1Q 协议:即 Virtual Bridged Local Area Networks 协议,主要规定了VLAN 的实现。

以太网帧结构和带有 VLAN 的以太网帧结构的比较如图 4.28 所示。

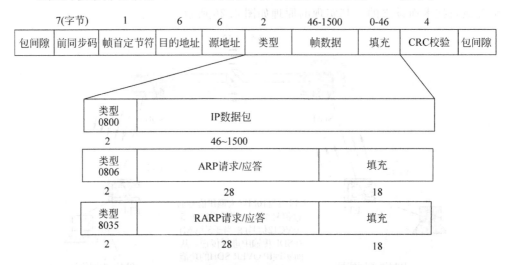

图 4.28　以太网帧结构和带有 VLAN 的以太网帧结构的比较

以太网帧结构如图 4.29 所示。

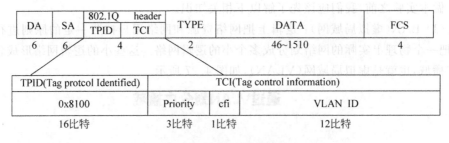

图 4.29　以太网帧结构

802.1Q VLAN 帧与原来的以太网帧相比,在帧头中的源地址后增加了一个 4 字节的 802.1Q 帧头,这 4 字节的 802.1Q 标签头包含了 2 个字节的标签协议标识(Tag Protocol Identifier,TPID,它的值是 8100)和两个字节的标签控制信息(Tag Control Information,TCI),TPID 是 IEEE 定义的新的类型,表明这是一个加了 802.1Q 标签的文本。

TPID:2 字节的标签协议标识,值为 0X8100;

Priority:这 3 位指明帧的优先级,一共有 8 种优先级,主要用于当交换机阻塞时,优先发送哪个数据包。

CFI(Canonical Format Indicator):这一位主要用于总线型的以太网与 FDDI、令

牌环网交换数据时的帧格式。

VLAN ID (VLAN Identified)：这是一个 12 位的域，指明 VLAN 的 ID 值为 0～4095，一共 4096 个，每个支持 802.1Q 协议的主机发送出来的数据包都会包含这个域，以指明自己属于哪一个 VLAN。

（3）ML-PPP 协议：将多个物理通道（VC12）捆绑成一个逻辑通道（vc trunk）来进行业务的传输，解决了多径传输的问题。在传输侧采用 SDH 保护方式（复用段保护和通道保护）为用户提供可靠的传输通道。

（4）TAG 标识：以太网段的端口能识别和发送这种带 802.1Q 标签头的数据包，那么我们把这种端口称为 Tag 端口；相反，如果该端口所连接的以太网段不支持这种以太网帧头，那么这个端口我们称为 untag 端口，目前我们使用的计算机、HUB 等设备并不支持 802.1Q。大部分以太网交换机、路由器设备可支持 802.1Q。

（5）ET1 以太网接口板介绍：ET1 单板是为用户提供以太网业务接入的一种接口板，它为用户提供 8×10M/100M 以太网接口，接入最大带宽为 48 个 2M，用户带宽灵活可配，带宽颗粒为 2M。

单板在 2 个以太网端口和 16 个 VC TRUNK 端口间进行二层路由转发，其功能原理和 LAN Switch 相同，从端口输入的 MAC 帧中提取源 MAC 地址与对应端口的信息，存放在 MAC 地址表中，以实现二层路由，并支持手工在 MAC 地址表中添加 MAC 地址和对应端口的信息。MAC 地址表容量为 8K。特别说明：ET1 D140 单板软件对 MAC 地址学习或静态 MAC 的设置是包含 USERID、VLANID 的地址自学习或静态设置，并存入地址表中，而 ET1 D140 以下版本 MAC 地址或设置静态 MAC 地址时只对 48 位的 MAC 进行存储。

在透传工作模式下（如图 4.30 所示），所有数据及协议报文会直接透传出去。（此模式只有 ET1 D140 版本支持）ET1 单板根据数据的输入与输出端口的组合关系来进行 TAG 标签的增减，具体实现情况如表 4.5 所示。

# ET1业务实现方式——透传

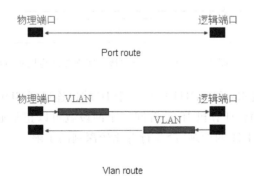

图 4.30　ET1 业务的透传实现方式

表 4.5　透传模式下端口属性的标签操作

| 端口属性 | UNTAG | UNTAG | TAG | TAG |
| --- | --- | --- | --- | --- |
| 输入帧属性 | UNTAG | TAG | UNTAG | TAG |
| TAG 标签操作 | 添加端口缺省 vlan | 添加端口缺省 vlan | 丢弃 | 透传 |

对于设置为 untag 的以太网口，默认的 VLAN ID 为 1，也可通过命令行或网管设置为其他值。在同一个单板中，我们允许同一个 VLAN 号从不同的端口进入而不会互相影响，因为内部的标识是采用端口号和 VLAN 号捆绑的，而不是唯一靠 VLAN ID 标识的。

实际设备光口、光纤连接以及 ODF 光纤配线架连接方式，如图 4.31 所示。

图 4.31　ET1 业务的透传实现方式连接示意图

本实验内容要求：将 SDH1 的第 1 个 IP 端口连通到 SDH3 的第 1 个 IP 端口，接在两个端口上的两台计算机 IP 设置同一个网段就可以正常通信。做本实验之前，参与实验学生应对 SDH 的原理、命令行有比较深刻的了解。

**4. 实验步骤**

首先按照业务要求准备好配置数据脚本。

SDH1 配置命令如下：

```
#1:login:"szhw","nesoft";
:cfg - set - devicetype:OptiXM1000V300,subrackI;
:cfg - set - nename:64,"SDH1";
:cfg - init - all;
:cfg - add - board:5,oi4d:6,sp2d:3,eft;
:cfg - set - telnum:14,1,101;
:cfg - set - meetnum:14,999;
:cfg - set - lineused:14,5,2,used;
:cfg - set - meetlineused:14,5,2,used;
:cfg - set - synclass:13,1,0xf101;
:cfg - add - xc:0,3,1,2,1&&10,5,2,2,1&&10,vc12;
:cfg - add - xc:0,5,2,2,1&&10,3,1,2,1&&10,vc12;
:ethn - cfg - set - portenable:3,ip1,enable   //定义 EFT 板第一个外部端口可用
:ethn - cfg - add - vctrunkpath:3,vctrunk1,bi,vc12,5,1&&5;   //将 EFT 的第一个内部端口
//绑定本板的 5 个 VC12 通道,通道号为 1 至 5,使外部端口的带宽达到 10M
:cfg - verify
:cfg - get - nestate;
:logout;
```

将以上命令行编辑成一个文本文件:如"EFTSDH1.txt"。

SDH2 配置命令如下:

```
#2:login:"szhw","nesoft";
:cfg - set - devicetype:OptiXM1000V300,subrackI;
:cfg - set - nename:64,"SDH2";
:cfg - init - all;
:cfg - add - board:5,oi4d:6,sp2d:3,eft;
:cfg - set - telnum:14,1,102;
:cfg - set - meetnum:14,999;
:cfg - set - lineused:14,5,1,used;
:cfg - set - meetlineused:14,5,1,used;
:cfg - set - synclass:13,2,0x0501,0xf101;
:cfg - add - xc:0,3,1,2,1&&10,5,1,2,1&&10,vc12;
:cfg - add - xc:0,5,1,2,1&&10,3,1,2,1&&10,vc12;
:ethn - cfg - set - portenable:3,ip1,enable
:ethn - cfg - add - vctrunkpath:3,vctrunk1,bi,vc12,5,1&&5;
:cfg - verify
:cfg - get - nestate;
:logout;
```

将以上命令行编辑成一个文本文件:如"EFTSDH2.txt"。

# 第5章

# DWDM波分复用网络

## 5.1　DWDM 原理概述

随着话音业务的飞速增长和各种新业务的不断涌现,特别是 IP 技术日新月异的发展,网络的容量必将会受到严重的挑战。

### 5.1.1　传统的网络扩容技术

传统的传输网络扩容采用空分复用(space division multiplexing,SDM)或时分复用(time division multiplexing,TDM)两种方式。

#### 1. 空分复用

空分复用(SDM)是靠增加光纤数量的方式线性增加传输的容量,传输设备也线性增加。在光缆制造技术已经非常成熟的今天,几十芯的带状光缆已经比较普遍,而且先进的光纤接续技术也使光缆施工变得简单,但光纤数量的增加无疑仍然给施工以及将来线路的维护带来了诸多不便,并且对于已有的光缆线路,如果没有足够的光纤数量,通过重新敷设光缆来扩容,工程费用将会成倍增长。而且,这种方式并没有充分利用光纤的传输带宽,造成光纤带宽资源的浪费。作为通信网络的建设,不可能总是采用敷设新光纤的方式来扩容,事实上,在工程之初也很难预测日益增长的业务需要和规划应该敷设的光纤数。因此,空分复用的扩容方式十分受限。

#### 2. 时分复用

时分复用(TDM)也是一种比较常用的扩容方式,从传统 PDH 的一次群至四次群的复用,到如今 SDH 的 STM-1、STM-4、STM-16 乃至 STM-64 的复用。通过时分复用技术可以成倍地提高光传输信息的容量,极大地降低了每条电路在设备和线路方面投入的成本,并且采用这种复用方式可以很容易地在数据流中插入和抽取某些特定的字节,尤其适合在需要采取自愈环保护策略的网络中使用。但时分复用的扩容方式有两个缺陷:第一是影响业务,即在全盘升级至更高的速率等级时,网络接口及其设备需要完全更换,所以在升级的过程中,不得不中断正在运行的设备;第二是速率的升级缺乏灵活性,以 SDH 设备为例,当一个线路速率为 155Mb/s 的系统被要求提供两个 155Mb/s 的通道时,就只有将系统升级到 622Mb/s,即使有两个 155Mb/s 将被闲置。对于更高速率的时分复用设备,目前成本还较高,并且 40Gb/s 的 TDM 设备已经接近电子器件的速率极限,此外,即使是 10Gb/s 速率的信号在 G.652 光纤中的色散及非线性效应也会对传输产生各种限制。

## 5.1.2　DWDM 技术

不管是采用空分复用还是时分复用的扩容方式,基本的传输网络均采用传统的 PDH 或 SDH 技术,即采用单一波长的光信号传输,这种传输方式是对光纤容量的一种极大浪费,因为光纤的带宽相对于目前我们利用的单波长通道来讲几乎是无限的。我们一方面在为网络的拥挤不堪而忧心忡忡,另一方面却让大量的网络资源白白浪费。密集波分复用(dense wavelength division multiplexing,DWDM)技术就是在这样的背景下应运而生的,它不仅大幅度地增加了网络的容量,而且还充分利用了光纤的带宽资源,减少了网络资源的浪费。

光纤的容量是极其巨大的,而传统的光纤通信系统都是在一根光纤中传输一路光信号,这样的方法实际上只使用了光纤丰富带宽的很少一部分。为了充分利用光纤的巨大带宽资源,增加光纤的传输容量,以 DWDM 技术为核心的新一代的光纤通信技术已经产生。

### 1. DWDM 技术特点

DWDM 技术具有如下特点。

1) 超大容量

目前使用的普通光纤可传输的带宽是很宽的,但其利用率还很低。使用 DWDM 技术可以使一根光纤的传输容量比单波长传输容量增加几倍、几十倍乃至几百倍,因此也节省了光纤资源。

2) 数据透明传输

由于 DWDM 系统按不同的光波长进行复用和解复用,而与信号的速率和电调制方式无关,即对数据是"透明"的。因此可以传输特性完全不同的信号,完成各种电信号的综合和分离,包括数字信号和模拟信号的综合和分离。

91

3）系统升级时能最大限度地保护已有投资

在网络扩充和发展中，无须对光缆线路进行改造，只需升级光发射机和光接收机即可实现，是理想的扩容手段，也是引入宽带业务的方便手段。

4）高度的组网经济性和可靠性

利用 DWDM 技术构成的新型通信网络比用传统的电时分复用技术组成的网络要大大简化，而且网络层次分明，各种业务的调度只需调整相应光信号的波长即可实现。由于网络结构简化、层次分明以及业务调度方便，由此而带来网络的经济性和可靠性是显而易见的。

5）可构成全光网络

可以预见，在未来可望实现的全光网络中，各种电信业务的上下、交叉连接等都是在光层上通过对光信号波长的改变和调整来实现的。因此，DWDM 技术将是实现全光网的关键技术之一，而且 DWDM 系统能与未来的全光网兼容，将来可能会在已经建成的 DWDM 网络的基础上实现透明的、具有高度生存性的全光网络。

波分复用技术利用单模光纤低损耗区的巨大带宽，将不同频率（波长）的光信号混合在一起进行传输，这些不同波长的光载波所承载的数字信号可以是相同速率、相同数据格式，也可以是不同速率、不同数据格式。波分复用网络扩容通过在光纤中增加新的波长通道来实现。

由于目前一些光器件（如带宽很窄的滤光器、相干光源等）还不很成熟，因此，要实现光通道非常密集的光频分复用是很困难的，但基于目前的器件水平，已可以实现分离光通道的波分复用。人们通常把光通道间隔较大（甚至在光纤不同窗口上）的复用称为光波分复用（WDM），再把在同一窗口中通道间隔较小的 WDM 称为密集波分复用（DWDM）。随着科技的进步，现代的技术已经能够实现波长间隔为纳米级的复用，甚至可以实现波长间隔为零点几个纳米级的复用，只是在器件的技术要求上更加严格而已。与通用的单通道系统相比，DWDM 技术不仅极大地提高了网络系统的通信容量，充分利用了光纤的带宽，而且它具有扩容简单和性能可靠等诸多优点，特别是它可以直接接入多种业务的特点更使得它的应用前景一片光明。DWDM 系统的构成及光谱示意图如图 5.1 所示。发送端的光发射机发出波长不同而精度和稳定度满足一定要求的多路光信号，经过光波分复用器复用在一起送入掺铒光纤功率放大器（掺铒光纤功率放大器主要用来补偿波分复用器引起的功率损失，提高光信号的发送功率），再将放大后的多路光信号送入光纤传输，中间可以根据实际情况选用光线路放大器，到达接收端经光前置放大器（主要用于提高接收灵敏度）放大以后，送入光波分解复用器分解出原来的各路光信号。

**2. DWDM 系统分类**

DWDM 系统按一根光纤中传输的光通道是单向的还是双向的可以分成单纤单向和单纤双向两种，按 DWDM 系统和客户端设备之间是否有光波长转换单元 OTU 分成开放式和集成式两种。

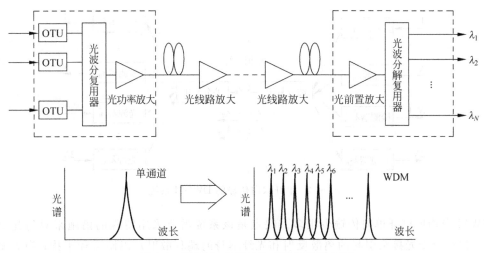

图 5.1　DWDM 系统的构成及频谱示意图

1) 单纤单向 DWDM

如图 5.2 所示,一根光纤只完成一个方向光信号的传输,反向光信号的传输由另一根光纤来完成。因此,同一波长在两个方向上可以重复利用。

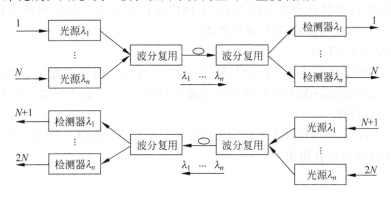

图 5.2　单纤单向传输的 DWDM 系统

这种 DWDM 系统可以充分利用光纤的巨大带宽资源,使一根光纤的传输容量扩大几十倍、几百倍直至上千倍。在长途网中,可以根据实际业务量的需要逐步增加波长通道(一个波长就是一个通道)的数量来实现扩容,十分灵活。在不清楚实际光缆色散的前提下,也是一种暂时避免采用超高速 TDM 系统而利用多个 2.5Gb/s 系统实现超大容量传输的手段。

2) 单纤双向 DWDM

如图 5.3 所示,在一根光纤中实现两个方向光信号的同时传输,两个方向光信号应安排在不同波长上。

单纤双向传输允许单根光纤携带全双工通道,通常可以比单向传输节约一半的光纤器件。由于两个方向传输的信号不交互产生 FWM(四波混频)产物,因此其总的

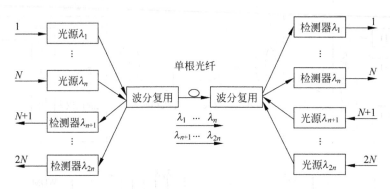

图 5.3 单纤双向传输的 DWDM 系统

FWM 产物比单纤单向传输少很多。缺点是该系统需要采用特殊的措施来对付光反射(包括由于光接头引起的离散反射和光纤本身的瑞利散射),以防多径干扰;当需要将光信号放大以延长传输距离时,必须采用双向光纤放大器,但其噪声系数稍差。

3) 开放式 DWDM

开放式 DWDM 系统的特点是对复用终端光接口没有特别的要求,只要这些接口符合 ITU-T G.957/G.691 建议的光接口标准。DWDM 系统采用波长转换技术,将复用终端的光信号转换成指定的波长,不同终端设备的光信号转换成不同的符合 ITU-T G.692 建议的波长,然后进行合波。

4) 集成式 DWDM

集成式 DWDM 系统不采用波长转换技术,它要求复用终端光信号的波长符合 DWDM 系统的规范,不同的复用终端设备接入 DWDM 系统的不同波长通道,从而在复用器中完成合波。

根据工程的需要可以选用不同的应用形式。在实际应用中,开放式 DWDM 和集成式 DWDM 可以混合使用。

# 5.2 DWDM 关键技术

## 5.2.1 光源

光源是构成 DWDM 系统的重要器件,目前应用于 DWDM 系统的光源主要是半导体激光器(laser diode,LD)。DWDM 系统的工作波长较为密集,一般波长间隔为几纳米到零点几纳米,这就要求激光器工作在一个标准波长上,并且具有很好的稳定性;另一方面,DWDM 系统的无电再生中继长度从不含光线路放大器的单通道 SDH 系统最大传输约 160km 增加到 500～600km,为延长传输系统的色散受限距离,DWDM 系统的光源要使用色散容纳值很高的低啁啾激光器。总之,DWDM 系统光源的两个突出特点是:(1)标准而稳定的波长;(2)比较大的色散容纳值。

**1. 激光器的调制方式**

目前广泛使用的光纤通信系统均为强度调制—直接检测系统,对光源进行强度调制的方法有两类,即直接调制和间接调制。

直接调制:又称为内调制,即直接对光源进行调制,通过控制半导体激光器的注入电流的大小来改变激光器输出光波的强弱。传统的 PDH 和 2.5Gb/s 速率以下的 SDH 系统使用的 LD 或 LED 光源基本上采用的都是这种调制方式。直接调制方式的特点是输出功率正比于调制电流,具有结构简单、损耗小、成本低的特点,但由于调制电流的变化将引起激光器发光谐振腔的光学长度发生变化,引起发射激光的波长随着调制电流变化,这种变化被称作调制啁啾,它实际上是一种直接调制光源无法克服的波长(频率)抖动。啁啾的存在展宽了激光器发射光谱的带宽,使光源的光谱特性变坏,限制了系统的传输速率和距离。一般情况下,在常规 G.652 光纤上使用时,传输距离小于等于 100km,传输速率小于等于 2.5Gb/s。对于无须采用光线路放大器的 DWDM 系统,从节省成本的角度出发,可以考虑使用直接调制激光器。

间接调制:这种调制方式一般又称作外调制,即不直接调制光源,而是在光源的输出通路上外加调制器对光波进行调制,此调制器实际上起到一个光开关的作用。结构如图 5.4 所示。

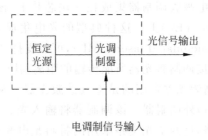

图 5.4　间接调制激光器的结构

恒定光源是一个连续发送固定波长和功率的高稳定光源,在发光的过程中,不受电调制信号的影响,因此不产生调制频率啁啾,谱线宽度维持在最小。光调制器对恒定光源发出的高稳定激光根据电调制信号以"允许"或者"禁止"通过的方式进行处理,而在调制的过程中,对光波的频谱特性不会产生任何影响,保证了光谱的质量。间接调制方式的激光器比较复杂、损耗大,而且造价也高,但调制频率啁啾很小,可以应用于传输速率大于等于 2.5Gb/s,传输距离超过 100km 的系统。因此,一般来说,在使用光线路放大器的 DWDM 系统中,发射部分的激光器均为间接调制方式的激光器。常用的外调制器有电光调制器、声光调制器和波导调制器等。电光调制器基本工作原理是晶体的电光效应。电光效应是指电场引起晶体折射率变化的现象,能够产生电光效应的晶体称为电光晶体;声光调制器是利用介质的声光效应制成。所谓声光效应,是声波在介质中传播时,介质受声波压强的作用而产生变化,这种变化使得介质的折射率发生变化,从而影响光波传输特性;波导调制器是将钛(Ti)扩散到铌酸锂

(LiNbO$_3$)基底材料上,用光刻法制出波导。它具有体积小、重量轻、有利于光集成等优点。根据光源与外调制器的集成和分离情况,又可以分为集成式外调制激光器和分离式外调制激光器两种。集成外调制技术日益成熟,是 DWDM 光源的发展方向。常见的是更加紧凑小巧、性能上也满足绝大多数应用要求的电吸收调制器。电吸收调制器是一种损耗调制器,它工作在调制器材料吸收区边界波长处。当调制器无偏压时,光源发送波长在调制器材料的吸收范围之外,该波长的输出功率最大,调制器为导通状态;当调制器有偏压时,调制器材料的吸收区边界波长移动,光源发送波长在调制器材料的吸收范围内,输出功率最小,调制器为断开状态,如图 5.5 所示。

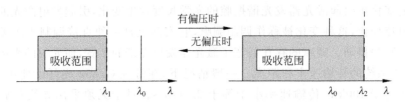

图 5.5  电吸收调制器的吸收波长的改变示意图

电吸收调制器可以利用与半导体激光器相同的工艺过程制造,因此光源和调制器容易集成在一起,适合批量生产,因此发展速度很快。例如,铟镓砷磷(InGaAsP)光电集成电路,是将激光器和电吸收调制器集成在一块芯片上,该芯片再置于热电制冷器(thermal electronic cooler,TEC)上。这种典型的光电集成电路,称为电吸收调制激光器(electro-absorption modulated laser,EML),可以支持 2.5Gb/s 信号传输 600km以上的距离,远远超过直接调制激光器所能传输的距离,其可靠性也与一般的 DFB 激光器类似。分离式外调制激光器常用的是连续波激光器(CW)+铌酸锂(LiNbO$_3$)马赫-策恩德(Mach-Zehnder)外调制器。该调制器将输入光分成两路相等的信号,分别进入调制器的两个光支路,这两个光支路采用的材料是电光材料,即其折射率会随着外部施加的电信号大小而变化,由于光支路的折射率变化将导致信号相位的变化,故两个支路的信号在调制器的输出端再次结合时,合成的光信号是一个强度大小变化的干涉信号,通过这种办法,将电信号的信息转换到了光信号上,实现了光强度调制。分离式外调制激光器的频率啁啾可以接近于零。

**2. 激光器波长的稳定与控制**

在 DWDM 系统中,激光器波长的稳定是一个十分关键的问题,根据 ITU-T G.692 建议的要求,中心波长的偏差不大于光通道间隔的五分之一,即对于光通道间隔为 100GHz 的系统,中心波长的偏差不能大于±20GHz。影响集成式电吸收调制激光器波长的主要因素之一是芯片温度的变化,其波长的温度依赖性典型值为0.08nm/℃,正常工作温度为 25℃,在 15~35℃ 温度范围内调节芯片的温度,即可使EML 调定在一个指定的波长上,调节范围为 1.6nm。芯片温度的调节依靠改变制冷器的驱动电流实现,再用热敏电阻作反馈便可使芯片温度稳定在一个基本恒定的温度上。除了温度外,激光器的驱动电流也能影响波长,其依赖性典型值为 0.008nm/

mA，比温度的影响约小一个数量级，在有些情况下，其影响可以忽略。此外，封装的温度也可能影响到器件的波长（例如从封装到激光器平台的连线带来的温度传导和从封装壳向内部的辐射，也会影响发光波长）。在一个设计良好的封装中其影响可以得到有效控制。以上这些方法可以有效解决相对短期变化波长的稳定问题，对于激光器老化等原因引起的波长长期变化就显得无能为力了。直接使用波长敏感元件对光源进行波长反馈控制比较理想，原理如图 5.6 所示，属于该类控制方案的标准波长控制和参考频率扰动波长控制均正在研制中。

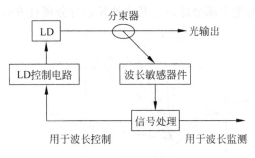

图 5.6　波长控制原理

## 5.2.2　光复用/解复用器件

### 1. 光复用/解复用器件

如图 5.7 所示，在 DWDM 系统中，复用器的主要作用是将多个波长通道合在一根光纤中传输；解复用器的主要作用是将在一根光纤中传输的多个波长通道分离。DWDM 系统性能好坏的关键是光复用/解复用器，其要求是复用通道数量足够、插入损耗小、隔离度高和通带范围宽等。从原理上讲，复用器与解复用器是相同的，只需要改变输入、输出的方向。DWDM 系统中使用的光复用/解复用器的性能满足 ITU-T G.671 及相关建议的要求。

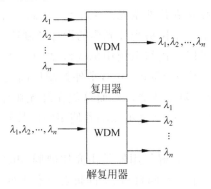

图 5.7　光复用/解复用器

光复用/解复用器有多种制造方法,制造的器件各有特点,目前已广泛商用的有 4 种:光栅型、介质薄膜滤波器型、光纤耦合器型、阵列波导光栅型。

光栅型复用/解复用器属于角色散型器件,利用角色散元件来分离和合并不同波长的光信号。最流行的衍射光栅是在玻璃衬底上沉积环氧树脂,然后再在环氧树脂上制造光栅线,构成所谓闪耀光栅。入射光照射到光栅上后,由于光栅的角色散作用,不同波长的光信号以不同的角度反射,然后经透镜会聚到不同的输出光纤,从而完成波长选择功能;逆过程也成立,如图 5.8 所示。闪耀光栅的优点是高分辨的波长选择作用,可以将特定波长的绝大部分能量与其他波长进行分离且方向集中。

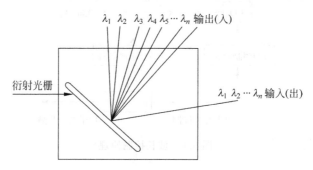

图 5.8　闪耀光栅型光复用/解复用器原理

闪耀光栅型复用器具有优良的波长选择性,可以使通道的波长间隔缩小到 0.5nm 左右。另外,光栅型器件是并联工作的,插入损耗不会随复用波长通道数量的增加而增加,因而可以获得较多的复用通道数。闪耀光栅的缺点是插入损耗较大,通常有 3~8dB,对偏振很敏感,光通道带宽/通道间隔比尚不够理想,使光谱利用率不够高,对光源和光复用/解复用器的波长容错性要求较高。此外,其温度特性较差,典型器件的温度漂移大约为 0.012nm/℃。若采用温度控制措施,则温度漂移可以减少至 0.0004nm/℃。因此,对于光栅型光复用/解复用器采用温控措施是可行和必要的。这类光栅在制造上要求较精密,不适合于大批量生产,因此往往在实验室的科学研究中应用较多。除上述传统的光栅器件外,布拉格光纤光栅的制造技术也逐渐成熟起来,它的制造方法是利用高功率紫外激光波束干涉,从而在光纤纤芯区形成周期性的折射率变化,如图 5.9 所示。布拉格光纤光栅的设计和制造比较快捷方便,成本较低,插入损耗很小,整个器件可以直接与系统中的光纤融为一体。其滤波特性带内平坦,而带外十分陡峭(滚降斜率优于 150dB/nm,带外抑制比高达 50dB),因此可以制作成通道间隔非常小的带通或带阻滤波器。然而这类光纤光栅滤波器的波长适用范围较窄,只适用于单个波长,带来的好处是可以随着使用的波长数变化而增减滤波器,应用比较灵活。

介质薄膜滤波器型光复用/解复用器是由介质薄膜(dielectric thin film,DTF)构成的。DTF 滤波器是由几十层不同材料、不同折射率和不同厚度的介质膜,按照设计要求组合起来的,每层的厚度为 1/4 波长,一层为高折射率,一层为低折射率,交替叠合而成。当光入射到高折射率层时,反射光没有相移;当光入射到低折射率层时,反

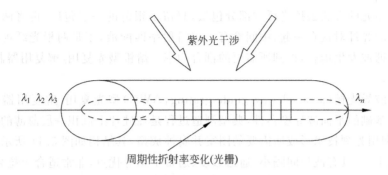

图 5.9　光导纤维中的布拉格光栅滤波器

射光经历 180°相移。由于层厚 1/4 波长（90°相位），因而经低折射率层反射的光经历 360°相移后与高折射率层的反射光同相叠加。这样在中心波长附近各层反射光叠加，在滤波器前端面形成很强的反射光。在高反射区之外，反射光突然降低，大部分光成为透射光。据此可以使薄膜干涉型滤波器对一定波长范围呈通带，而对另外波长范围呈阻带，形成所要求的滤波特性。介质薄膜滤波器型解复用器的结构原理如图 5.10 所示。

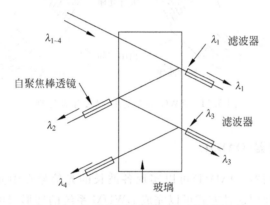

图 5.10　介质薄膜滤波器型解复用器原理

介质薄膜滤波器型光复用/解复用器的主要特点是，设计上可以实现结构稳定的小型化器件，信号通带平坦且与偏振无关，插入损耗低，通道隔离度好。缺点是通道数不能很多。具体特点还与结构有关，例如薄膜滤波器型光复用/解复用器在采用软型材料的时候，由于滤波器容易吸潮，受环境的影响而改变波长；采用硬介质薄膜时，材料的温度稳定性优于 0.0005nm/℃。另外，这种器件的设计和制造周期较长，产量较低。在 DWDM 系统中，当只有 4～16 个波长时，使用该型光复用/解复用器是比较理想的。

光纤耦合器有两类，应用较广泛的是熔拉双锥（熔锥）式光纤耦合器，即将多根光纤在热熔融条件下拉成锥形，并稍加扭曲，使其熔接在一起。由于不同的光纤的纤芯十分靠近，因而可以通过锥形区的消逝波耦合来达到所需要的耦合功率。第二种是采用研磨和抛光的方法去掉光纤的部分包层,只留下很薄的一层包层,再将两根经同样方法加工的光纤对接在一起,中间涂有一层折射率匹配液,于是两根光纤可以通过包层里的消逝波发生耦合,得到所需要的耦合功率。熔锥型光复用/解复用器制造简单,应用广泛。

阵列波导光栅(arrayed waveguide grating,AWG)型光复用/解复用器是以光集成技术为基础的平面波导型器件,典型制造过程是在硅片上沉积一层薄薄的二氧化硅玻璃,并利用光刻技术形成所需要的图案并腐蚀成型,其结构如图 5.11 所示。该器件可以集成生产,具有波长间隔小、通道数多、通带平坦等优点,非常适合于超高速、大容量 DWDM 系统使用,在今后的接入网中有很大的应用前景。而且,除了光复用/解复用器之外,还可以做成矩阵结构,对光通道进行上/下分插(OADM),是今后光传送网络中实现光交换的优选方案。

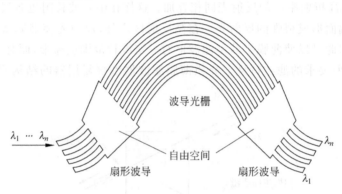

图 5.11　AWG 型光复用/解复用器原理

## 2. 光分插复用器(OADM)

通过光分插复用器(OADM)可以实现各波长的光信号在中间站的分出与插入,即完成上/下光路,利用这种方式可以完成 DWDM 系统的环形组网。目前 OADM 只能够做成固定波长上/下的器件(如图 5.12 所示),从而使该种工作方式的灵活性受到了限制。

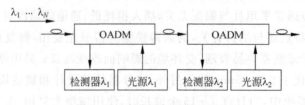

图 5.12　光分插复用器 OADM

OADM 一般为介质薄膜滤波器型器件,原理类似复用/解复用器。

### 3. 梳状滤波器

为实现 50GHz 通道间隔的密集波分复用系统，又要避免器件技术过于复杂和成本过高，出现了一种 Interleaver 技术，即梳状滤波器。利用这种技术可以很容易地实现通道间隔为 50GHz 的密集波分复用系统，并且可以使用已有的 100GHz 通道间隔的 DWDM 器件和成熟技术。

Interleaver 的基本功能如图 5.13 所示，用一个 50GHz 间隔的 Interleaver 可以等间隔地把输入的通道间隔为 50GHz 的光信号分成奇数通道和偶数通道两组，而每组的通道间隔为 100GHz，而后用通道间隔 100GHz 的分波单元把输入光信号解复用成单波长的光信号。反过来，也可以用 Interleaver 将间隔 100GHz 的奇数通道和偶数通道两组信号复用为间隔 50GHz 的一组信号。

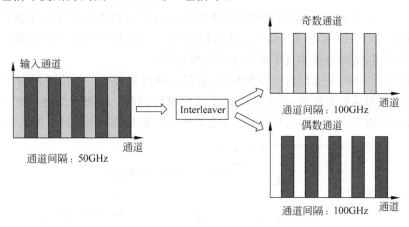

图 5.13　Interleaver 的功能框图

# 5.3　掺铒光纤放大器

掺铒光纤放大器(erbium doped fiber amplifier，EDFA)作为新一代光通信系统的关键部件，具有增益高、输出功率大、工作光学带宽较宽、与偏振无关、噪声指数较低、放大特性与系统比特率和数据码型无关等优点。它是大容量 DWDM 系统中必不可少的关键部件。

## 5.3.1　EDFA 的工作原理

为了实现光功率放大的目的，将一些光无源器件、泵浦源和掺铒光纤以特定的光学结构组合在一起，就构成了 EDFA 光放大器。图 5.14 是一种典型的双泵浦源的掺铒光纤放大器光学结构。

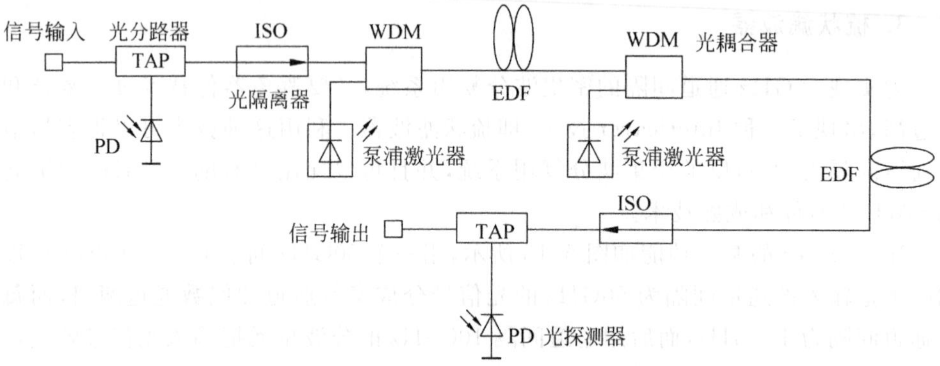

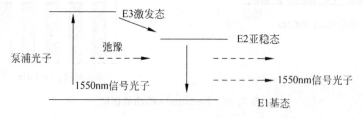

图 5.14 EDFA 光放大器内部典型光路图

如图 5.14 所示,输入信号光和泵浦激光器发出的泵浦光经过 WDM 器件合波后进入掺铒光纤 EDF,其中两只泵浦激光器构成两级泵浦,EDF 在泵浦光的激励下可以产生放大作用,从而也就实现了放大光信号的功能。

掺铒光纤 EDF 是光纤放大器的核心,它是一种内部掺有一定浓度铒离子 $Er^{3+}$ 的光纤,为了阐明其放大原理,需要从铒离子的能级图讲起。铒离子的外层电子具有三能级结构,如图 5.15 所示,其中 E1 是基态能级,E2 是亚稳态能级,E3 是激发态能级。

图 5.15 铒离子能级图

当用高能量的泵浦激光器来激励掺铒光纤时,可以使铒离子从基态能级大量激发到高能级 E3 上。然而,高能级是不稳定的,因而铒离子很快会经历无辐射跃迁(即不释放光子)落入亚稳态能级 E2。而 E2 能级是一个亚稳态的能级,在该能级上,粒子的存活寿命较长,受到泵浦光激励的粒子,以无辐射跃迁的形式不断地向该能级汇集,从而实现粒子数反转分布。当具有 1550nm 波长的光信号通过这段掺铒光纤时,亚稳态的粒子以受激辐射的形式跃迁到基态,并产生出和入射信号光中的光子一模一样的光子,从而大大增加了信号光的光子数量,即实现了信号光在掺铒光纤传输过程中被不断放大的功能。

WDM 光耦合器,顾名思义,就是具有耦合的功能,其作用是将信号光和泵浦光耦合,一起送入掺铒光纤,也称光合波器,通常使用光纤熔锥型合波器。

光隔离器 ISO 是一种利用法拉第旋光效应制成的、只能允许光单向传输的器件。光路中两只隔离器的作用分别是:输入光隔离器可以阻挡掺铒光纤中反向 ASE 对系统发射器件造成干扰,以及避免反向 ASE 在输入端发生反射后又进入掺铒光纤产生更大的噪声；输出光隔离器则可避免输出的放大光信号在输出端反射后进入掺铒光纤消耗粒子数，从而影响掺铒光纤的放大特性。

泵浦激光器是 EDFA 的能量源泉，它的作用是为光信号的放大提供能量。通常是一种半导体激光器，输出波长为 980nm 或 1480nm。泵浦光经过掺铒光纤时，将铒离子从低能级泵浦到高能级，从而形成粒子数反转，而当信号光经过时，能量就会转移到信号光中，从而实现光放大的作用。

EDFA 中所用的光分路器为一分二器件，其作用是将主信道上的光信号分出一小部分光信号送入光探测器，以实现对主信道中光功率的监测功能。

光探测器 PD 是一种光强度检测器，它的作用是将接收的光通过光/电转换变成电流，从而对 EDFA 模块的输入、输出光功率进行监测。

### 5.3.2　EDFA 的应用

根据 EDFA 在 DWDM 光传输网络中的位置，可以分为 3 种：功率放大器（booster amplifier，BA）；线路放大器（line amplifier，LA）；前置放大器（preamplifier，PA）。

功率放大器被放置于终端复用设备或电中继设备的发射光源之后的位置，如图 5.16 所示。功率放大器的主要作用是提高发送光功率，通过提高注入光纤的光功率（一般在 10dBm 以上），从而延长传输距离，故有的资料上称为功率助推放大器。此时对放大器的噪声特性要求不高，主要要求功率线性放大的特性。功率放大器通常工作在增益或输入功率饱和区，以便提高泵浦源功率转化为光信号功率的效率。

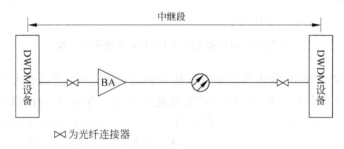

图 5.16　功率放大器在 DWDM 系统中的位置

线路放大器被放置于整个中继段的中间，如图 5.17 所示，是将 EDFA 直接插入到光纤传输链路中对信号进行直接放大的应用形式。一个中继段可以根据需要配置有多个线路放大器。线路放大器主要应用于长距离通信或 CATV 分配网，此时要求 EDFA 对小信号增益高，而且噪声系数小。

前置放大器被放置在中继段的末尾、光接收设备之前，如图 5.18 所示。该放大器的主要作用是对经线路衰减后的小信号进行放大，从而提高光接收机的接收灵敏度，此时的主要问题是噪声问题。EDFA 中的噪声主要是放大器的自发辐射噪声（amplified spontaneous emission，ASE），该噪声将使光电检测器输出 3 个噪声分量，

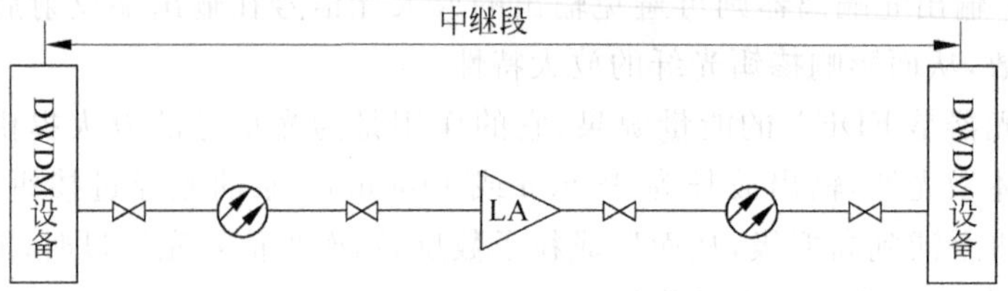

中继段

DWDM设备 ▷◁ ⚡ ▷◁ LA ▷◁ ⚡ ▷◁ DWDM设备

▷◁ 为光纤连接器

图 5.17　线路放大器在 DWDM 系统中的位置

即由于光功率增加产生的额外散弹噪声、信号—自发辐射差拍噪声和自发辐射—自发辐射差拍噪声,通过使用窄带光滤波器(1nm 带宽)可以滤掉大部分自发辐射—自发辐射差拍噪声,同时减少额外散弹噪声,但无法滤除信号—自发辐射差拍噪声。尽管如此,采用光滤波器的 EDFA 噪声特性已经得到很大改善。使用前置放大器,极大地改善了直接检测式接收机的灵敏度,例如 2.5Gb/s 速率的 EDFA 接收机灵敏度可以达到 $-43.3$dBm,比没有使用 EDFA 的直接检测式接收机改进了约 10dBm。

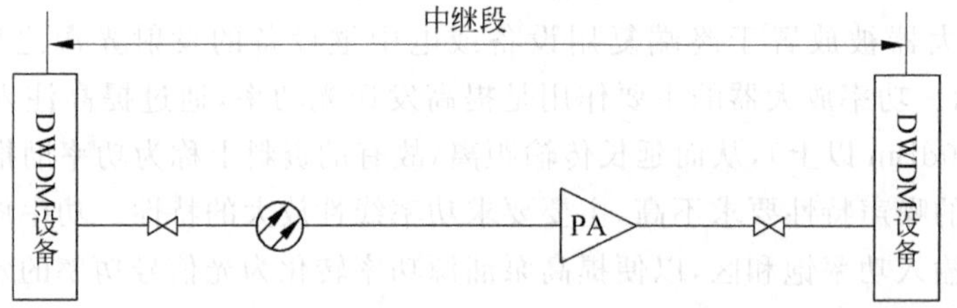

中继段

DWDM设备 ▷◁ ⚡ PA ▷◁ DWDM设备

▷◁ 为光纤连接器

图 5.18　前置放大器在 DWDM 系统中的位置

　　在 DWDM 系统中,复用的光通道数越来越多,需要串接的光放大器数目也越来越多,因而要求单个光放大器占据的谱宽也越来越宽。然而,普通的以石英光纤为基础的掺铒光纤放大器的增益平坦区很窄,仅在 1549~1561nm,大约 12nm,在 1530~1542nm 的增益起伏很大,可高达 8dB。这样,当 DWDM 系统的通道安排超出增益平坦区时,在 1540nm 附近的通道会遭受严重的信噪比劣化,无法保证正常的信号输出。为了解决上述问题,更好地适应 DWDM 系统的发展,人们开发出以掺铝的硅光纤为基础的增益平坦型 EDFA 放大器,大大地改善了 EDFA 的工作波长带宽,平抑了增益的波动。目前的成熟技术已经能够做到 1dB 增益平坦区几乎扩展到整个铒通带(1525~1560nm),基本解决了普通 EDFA 的增益不平坦问题。未掺铝的 EDFA 和掺铝的 EDFA 的增益曲线对比如图 5.19 所示。

　　技术上,将 EDFA 光放大器增益曲线中 1525~1540nm 称作蓝带区,将 1540~1565nm 称作红带区,一般来说,当传输的容量小于 40Gb/s 时,优先使用红带区。

　　EDFA 增益不平坦和平坦性能比较如图 5.20 所示。

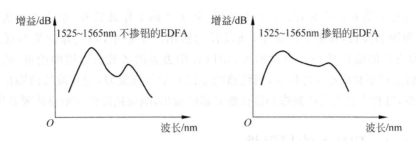

图 5.19 EDFA 增益曲线平坦性的改进

放大器增益不平坦的级联放大

放大器增益平坦的级联放大

图 5.20 EDFA 增益平坦示意图

105

EDFA 的增益锁定是一个重要问题,因为 WDM 系统是一个多波长的工作系统,当某些波长通道丢失时,由于增益竞争,其能量会转移到那些未丢失的通道上,使其他波长通道的功率变高。在接收端,由于电平的突然提高可能引起误码,而且在极限情况下,如果 8 路波长通道中的 7 路丢失时,所有的功率都集中到所剩的一个通道上,功率可能会达到 17dBm,这将带来强烈的非线性或接收机接收功率过载,产生大量误码。因此需要对 EDFA 的增益进行锁定,使单个通道的增益不至于因为总通道数量的变化而变化。

EDFA 的增益锁定有许多种技术,典型的有控制泵浦光源增益的方法。EDFA 内部的监测电路通过监测输入和输出功率的比值来控制泵浦源的输出,当输入的某些波长通道丢失时,输入功率会减小,输出功率和输入功率的比值会增加,通过反馈电路,降低泵浦源的输出功率,保持 EDFA 增益(输出/输入)不变,从而使 EDFA 的总输出功率减少,保持输出信号电平的稳定,如图 5.21 所示。其中 TAP 为光分路器,PUMP 为泵浦激光器,PIN 为光电二极管。

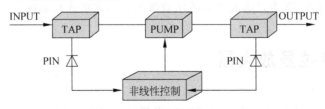

图 5.21 控制泵浦光源增益锁定技术

另外还有饱和波长的方法。在发送端,除了 8 路工作波长外,系统还发送另一个波长作为饱和波长,在正常情况下,该波长的输出功率很小,当线路的某些通道丢失时,饱和波长的输出功率会自动增加,用以补偿丢失的各波长通道的能量,从而保持 EDFA 输出功率和增益保持恒定,当线路的多波长信号恢复时,饱和波长的输出功率会相应减少,这种方法直接控制饱和波长激光器的输出,响应速度较控制泵浦源要快一些。

### 5.3.3  EDFA 的局限性

EDFA 解决了 DWDM 系统中的线路损耗问题,但同时也带来了一些新的问题,仍有待进一步研究解决。

#### 1. 非线性问题

虽然 EDFA 的采用提高了光功率,但是这个光功率并非越大越好。当光功率大到一定程度时,光纤将产生非线性效应(包括受激拉曼散射和受激布里渊散射等),尤其是受激布里渊散射(SBS)受 EDFA 的影响更大,非线性效应会极大地限制 EDFA 的放大性能和长距离无中继传输的实现。

#### 2. 光浪涌问题

由于 EDFA 的动态增益变化较慢,在输入信号功率跳变的瞬间,将产生光浪涌,即输出光功率出现尖峰,尤其是当 EDFA 级联时,光浪涌现象更为明显。峰值光功率可以达到几瓦,有可能造成光/电变换器和光连接器端面的损坏。

#### 3. 色散问题

采用 EDFA 以后,因衰减限制无中继长距离传输的问题虽然得以解决,但随着距离的增加,总光纤色散也随之增加,原来的功率受限系统变成了色散受限系统。

#### 4. 光信噪比问题

EDFA 会在几十纳米宽的光谱区内产生所谓放大的自发辐射(ASE),与 ASE 有关的差拍噪声会引起接收端光信噪比(optical signal to noise ratio,OSNR)劣化。这种差拍噪声随级联光放大器数目的增加而线性增加,因此,误码率随光放大器数目的增加而劣化。此外,噪声是随放大器的增益幅度以指数形式积累的。

## 5.4  光纤拉曼放大器

高强度电磁场中任何电介质对光的响应都会表现出非线性,光纤也不例外。受激拉曼散射(stimulated raman scattering,SRS)是光纤中一个很重要的三阶非线性过程。它可以看作是介质中分子振动对入射光(泵浦光)的调制,从而对入射光产生散射作用。假设入射光的频率为 $\omega_\lambda$,介质的分子振动频率为 $\omega_v$,则散射光的频率为 $\omega_s = \omega_\lambda - \omega_v$,$\omega_{as} = \omega_\lambda + \omega_v$。

在此过程中产生的频率为 $\omega_s$ 的散射光叫斯托克斯光(stokes),频率为 $\omega_{as}$ 的散射光叫反斯托克斯光。可以用物理图像描述如下:一个入射的光子消失,产生一个频率下移/上移的光子,即 stokes 波/反 stokes 波,剩余能量则被介质以分子振动的形式吸收,完成分子振动态之间的跃迁。光纤拉曼放大器是 SRS 的一个重要应用。由于石英光纤具有很宽的 SRS 增益谱,且在 13THz 附近有一较宽的主峰。如果一个弱信号和一个强的泵浦波在光纤中同时传输,并且它们的频率之差处在光纤的拉曼增益谱范围内,弱信号光就可得到放大,这种基于 SRS 机制的光放大器即称为光纤拉曼放大器。图 5.22 所示即是光纤拉曼放大器的增益谱示意图。

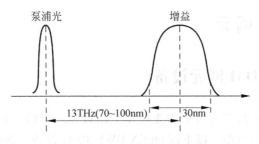

图 5.22　光纤拉曼放大器的增益谱示意图

某一波长的泵浦光,在其频率下移约为 13THz(在 1550nm 波段,波长上移约为 100nm)的位置可以产生一个增益很宽的增益谱(在常规单模光纤中功率为 500mW 的泵浦光可以产生约 30nm 的增益带宽)。

光纤拉曼放大器的增益波长由泵浦光波长决定,只要泵浦源的波长适当,理论上可得到任意波长的信号放大。这种特性使光纤拉曼放大器可以放大 EDFA 所不能放大的波段,使用多个泵浦源还可得到比 EDFA 宽得多的增益带宽(后者由于能级跃迁机制所限,增益带宽只有 80nm),因此,对于开发光纤的整个低损耗区 1270~1670nm 具有无可替代的作用。

光纤拉曼放大器的增益介质为传输光纤本身。这种特性使光纤拉曼放大器可以对光信号进行在线分布式放大,实现长距离的无中继传输和远程泵浦,尤其适用于海底光缆通信等不方便设立中继器的场合。同时信号的放大是沿光纤分布而不是集中作用,光纤中各处的信号光功率都比较小,从而可降低非线性效应尤其是四波混频效应的干扰。

光纤拉曼放大器的噪声指数低。光纤拉曼放大器与常规 EDFA 混合使用时可大大降低系统的噪声指数,延长传输跨距。

由于光放大器的使用极大地延长了传输系统的无电中继距离,使得色散成为限制光纤传输的一个重要因素。为了消除色散对信号传输的影响,可以采取多种技术,目前常用色散补偿光纤进行补偿。

适合于 DWDM 系统光信号传输的光纤一般为 G.652 和 G.655 两类光纤,它们在 1550nm 窗口具有正色散系数及正色散斜率。当光信号在前述线路中传输一定距离后,会由于正色散的累积而造成光信号脉冲展宽,严重影响系统传输性能。色散补偿光纤(dispersion compensation fiber,DCF)采用无源补偿方法,利用色散补偿光纤本身具有的负色散来抵消传输光纤的正色散,使信号脉冲得到压缩。

DCF 特点如下:

(1) 无源补偿方法,简单易行。

(2) DCF 满足 ITU-T G.671、G.692 建议和其他相关建议要求。

(3) 100%(±10%)斜率补偿,插损小且对波长不敏感。

(4) 提供不同补偿距离的 DCF,可以根据实际组网进行灵活配置。

## 5.5　DWDM 网元

### 5.5.1　DWDM 网元设备

DWDM 网元一般按用途可分为光终端复用设备、光线路放大设备、光分插复用设备、电中继设备几种类型。以下以 OptiX BWS 320G 设备为例分别讲述各种网络单元在网络中所起的作用。

#### 1. 光终端复用设备

在发送方向,光终端复用设备(optical terminal multiplexer,OTM)把波长为 $\lambda_1 \sim \lambda_{32}$ 的 32 个信号经复用器复用成一个 DWDM 主信道信号,然后对其进行光放大,并附加上波长为 $\lambda s$ 的光监控通道(optical supervisory channel,OSC)信号。在接收方向,OTM 先把光监控通道信号取出,然后对 DWDM 主信道信号进行光放大,经解复用器解复用成 32 个波长的信号。

OTM 的信号流向如图 5.23 所示,其中 TWC/RWC 为发送/接收端光波长转换板,M32/D32 为光复用/解复用板,WPA/WBA 为光前置/功率放大器板,SC1 为单向光监控通道处理板,SCA 为光监控通道接入板,SDH 为同步数字系列设备,A 为光衰减器,M 为检测光口 MON。

#### 2. 光线路放大设备

DWDM 系统的光线路放大设备(optical line amplifier,OLA)在每个传输方向均配有一个光线路放大器。在每个传输方向先取出光监控通道信号并处理,再将主信道信号进行放大,然后将主信道信号与光监控通道信号合并送入光纤线路。OLA 的信号流向如图 5.24 所示,SC2 为双向光监控通道处理板。

图中每个方向都采用一对 WPA+WBA 的方式来进行光线路放大,也可用单一

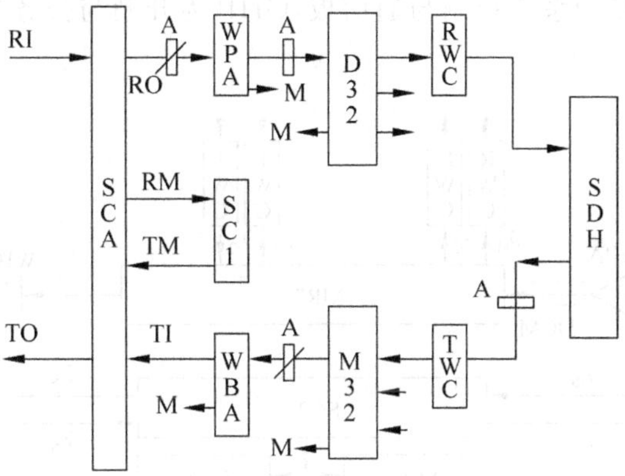

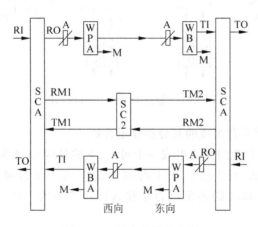

图 5.23　OTM信号流向图

图 5.24　OLA信号流向图

WLA 或 WBA 的方式来进行单向的光线路放大。

### 3. 光分插复用设备

DWDM 系统的光分插复用设备(OADM)有两种类型,一种是采用静态上/下波长的 OADM 模块,另一种是两个 OTM 采用背靠背的方式组成一个可上/下波长的 OADM 设备。

1) DWDM 系统静态光分插复用设备

当 OADM 设备接收到线路的光信号后,先从中提取光监控通道信号,再用 WPA 将主光通道信号预放大,通过 ADD/DROP 单元从主光通道中按波长取下一定数量的波长通道后送出设备,要插入的波长经 ADD/DROP 单元直接插入主信道,再经功率放大后插入本地光监控通道信号,向远端传输。在本站下业务的通道,需经 RWC 与 SDH 设备相连,在本站上业务的通道,需经 TWC 与 SDH 设备相连(波长变化)。

以 OADM(上/下四通道)为例,其信号流向如图 5.25 所示,其中 MR2 为 2 通道

ADD/DROP 板,SCC 为系统控制与通信板,OHP 为开销与公务处理板,DCM 为色散补偿模块。

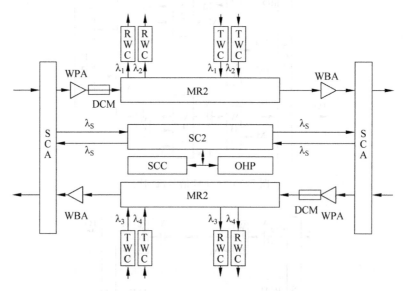

图 5.25 静态 OADM 信号流向图

2) 两个 OTM 背靠背组成的光分插复用设备

用两个 OTM 背靠背的方式组成一个可上/下波长的 OADM 设备。这种方式较之静态 OADM 要灵活,可任意上/下 1 到 32 个波长,更易于组网。如果某一路信号不在本站上下,可以从 D32 的输出口直接接入同一波长的 TWC 再进入另一方向的M32 板。

两个 OTM 背靠背组成的 OADM 的信号流向如图 5.26 所示。

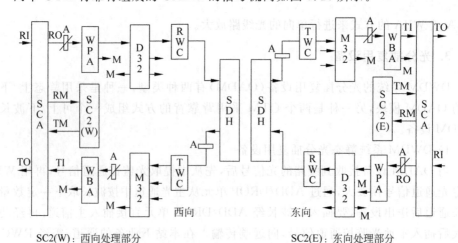

图 5.26 两个 OTM 背靠背组成的 OADM 信号流向图

### 4. 电中继设备

对于需要进行再生段级联的工程,要用到电中继设备(REG)。电中继设备无业务上下,只是为了延伸色散受限传输距离。电中继设备的信号流向如图 5.27 所示。

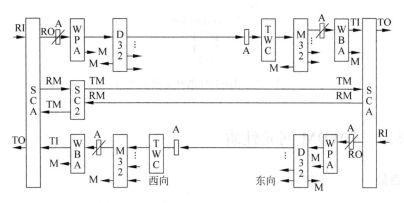

图 5.27　电中继设备 REG 的信号流向图

DWDM 系统最基本的组网方式为点到点方式、链形组网方式、环形组网方式,由这 3 种方式可组合出其他较复杂的网络形式。与 SDH 设备组合,可组成十分复杂的光传输网络。其连接的基本拓扑结构可分为点对点连接方式、链形连接方式以及环形连接方式。

点到点组网方式如图 5.28 所示。

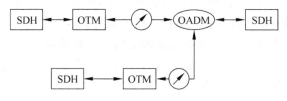

图 5.28　DWDM 的点到点组网示意图

链形组网方式如图 5.29 所示。

图 5.29　DWDM 的链形组网示意图

在本地网特别是城域网的应用中,用户根据需要可以由 DWDM 的光分插复用设备构成环形网。环形组网如图 5.30 所示。

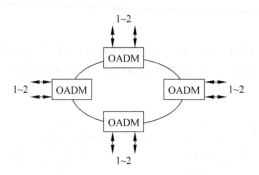

图 5.30　DWDM 的环形网示意图

## 5.5.2　DWDM 网元性质

### 1. 色散

色度色散是由发送光源光谱特性所导致的制约传输距离的一个支配性因素。在单模光纤中,色散以材料色散和波导色散为主,使信号中不同频率分量经光纤传输后到达光接收机的时延不同。在时域上造成光脉冲的展宽,引起光脉冲相互间的串扰,使得眼图恶化,最终导致系统误码性能下降。

一般把光放大器加在一个系统上并不会明显地改变总色度色散。虽然在光放大器中作为有源增益媒质的掺稀土光纤会导致少量的色度色散,但这些光纤长度仅在数十米至数百米数量级。由于掺稀土光纤的单位长度色度色散与 ITU-T 建议 G.652 所规范的光纤差别不大,因此相对几十至数百公里长的线路光纤来说,光放大器引入的色散影响可忽略不计。但随着光纤通信系统中传输速率的不断提高和光放大器极大地延长了无电中继的光信号传输距离,整个传输链路的总色散及其相应色散代价将可能变得很大而必须认真对待,色散限制已经成为目前决定许多系统再生中继距离的决定因素。

无源色散补偿器件可同光放大器组合在一起,构成一个光放大子系统,光放大器可以弥补无源色散补偿器件的插入损耗。该子系统会给系统附加有限的色度色散,但其色散系数与系统光纤相反,这就会使系统总的色度色散减小。另外,采用 G.655 光纤和 G.653 光纤对减小色度色散是有利的。如全面考虑非线性损伤,则长途传输中 G.655 光纤的综合性能是最佳的。

在进行 DWDM 网络设计时,一般先将整个网络划分为若干个再生中继距离段,使每个再生中继段距离都小于光源的色散受限距离,这样,整个网络的性能可以容忍色散的影响。

### 2. 光功率

光信号的长距离传输要求信号功率足以抵消光纤的损耗,G.652 光纤在 1550nm

窗口的衰减系数一般为 $0.25\text{dB/km}$ 左右,考虑到光接头、光纤冗余度等因素,综合的光纤衰减系数一般小于 $0.275\text{dB/km}$。

具体计算时,一般只对传输网络中相邻的两个设备作功率预算,而不对整个网络进行统一的功率预算。将传输网络中相邻的两个设备间的距离称作中继距离。

如图 5.31 所示,A 站点为发送参考点 S,B 站点为接收参考点 R,S 点与 R 点间的距离为 L,则中继距离 $L = (P_{\text{out}} - P_{\text{in}})/a$。

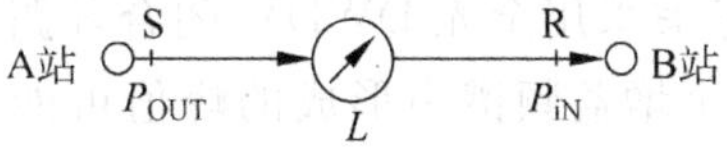

图 5.31　中继距离示意图

$P_{\text{out}}$ 为 S 点单通道的输出功率(单位为 dBm),S 点的光功率与 A 站点的配置相关。

$P_{\text{in}}$ 为 R 点的单通道最小允许输入功率(单位为 dBm)。

$a$ 为光缆每千米损耗(dB/km)(根据 ITU-T 建议,取 $0.275\text{dB/km}$,$0.275\text{dB/km}$已包含光纤接头、冗余度等各种因素的影响)。

### 3. 光信噪比

光放大器会在几十纳米宽的光谱区内产生所谓放大的自发辐射(ASE),这个 ASE 对信号光来说就是一个噪声。在具有若干级联 EDFA 的传输系统中,光放大器的 ASE 噪声将同信号光一样,重复一个周期性的衰减和放大。因为输入光放大器的 ASE 噪声在每个光放大器中均经过放大,并且叠加在那个光放大器所产生的 ASE 上,所以总 ASE 噪声功率就随光放大器数目的增加而大致按比例增大,而信号功率则随之减小,最后,噪声功率可能超过信号功率。

ASE 噪声频谱分布也是沿系统纵向展开的。当来自第一个光放大器的 ASE 噪声被送入第二个光放大器时,第二个光放大器的增益分布就会因增益饱和效应而发生变化,同样,第三个光放大器的有效增益分布也会发生变化。这种效应会向下游传递给下一个光放大器。即使在每个光放大器处使用窄带滤波器,ASE 噪声也会积累起来,这是因为噪声存在于包含着信号频段之内的缘故。光信噪比(OSNR)定义为:OSNR=单位带宽内每通道的信号光功率/单位带宽内每通道的噪声光功率。

ASE 噪声积累对系统的 OSNR 有影响,因为接收信号 OSNR 劣化的主要原因是与 ASE 有关的差拍噪声,这种差拍噪声随级联光放大器数目的增加而线性增加,因此,误码率随光放大器数目的增加而劣化。此外,噪声是随放大器的增益幅度以指数形式积累的。作为光放大器增益的一个结果,积累了许多个光放大器之后的 ASE 噪声频谱会有一个自发射效应导致的波长尖峰。特别要指出的是,如果考虑采用闭合全光环路的网络体制,那么若级联数目无限的光放大器,则 ASE 噪声就会无限积累起来。虽然有滤波器的系统中的 ASE 积累会因有滤波器而明显减小,但带内 ASE 仍会随光放大器的增多而增大。因此,OSNR 会随光放大器的增多而劣化。

ASE 噪声积累可能因光放大器间隔的缩小而减小（当保持总增益等于总传输通道损耗时），因为 ASE 是随放大器增益幅度的增大而以指数形式积累的。下面的滤波技术可进一步减小 ASE 噪声：即采用 ASE 噪声滤波器或利用自滤波效应（自滤波方法）。自滤波方法适用于装设几十或更多个光放大器的系统。这种方法是把信号波长调整到自滤波波长上，从而使检测器接收到的 ASE 噪声减小，如同使用窄带滤波器一样。当采取缩短光放大器间隔和低增益光放大器的手段来减小初始 ASE 噪声时，这种方法是最有效的。如果考虑采用全光 DWDM 闭合环路网，那么自滤波方法就不适用。事实上，在光放大器整个增益频谱中形成的峰值可能对系统性能造成严重影响。在这种情况下，采用 ASE 滤波法可最大限度减小 ASE 噪声的积累。对于装有很少几个光放大器的系统，自滤波法不如 ASE 滤波法有效。ASE 滤波法可灵活地选择信号波长，并具有其他的优点。必须谨慎地选择滤波器的特性，因为级联滤波器的通带比信号滤波器的通带窄（除非是有一个矩形的通带）。

### 4. 非线性效应

#### 1) 受激布里渊散射（SBS）

在使用窄谱线宽度光源的强度调制系统中，一旦信号光功率超过受激布里渊散射门限，将有很强的前向传输信号光转化为后向传输。在受激布里渊散射中，前向传输的光以声子的形式散射，只有后向散射的光是在单模光纤内。在 1550nm 处散射光频率大约向下移动 11GHz。

SBS 效应具有一个最低门限功率。研究表明，不同类型的光纤甚至同种类型的不同光纤之间的受激布里渊散射门限功率都不同。对于窄谱线光源的外调制系统，其典型值在 5～10mW 量级，但对直接调制激光器可能会达到 20～30mW。由于 G.653 光纤的有效芯径面积较小，因此采用 G.653 光纤的系统的 SBS 门限功率比采用 G.652 光纤的系统的 SBS 门限功率略低一些。对于所有的非线性效应都是这样。SBS 门限功率对光源谱线宽度和功率电平很敏感，但与通道数无关。

SBS 极大地限制了光纤中可以传输的光功率。图 5.32 描述了对于窄带光源的这种效应，这里所有的信号功率都落入了布里渊带宽内。前向传输功率逐渐饱和，而后向散射功率急剧增加。

在光源线宽明显大于布里渊带宽或者信号功率低于门限功率的系统中，SBS 损伤不会出现。

#### 2) 受激拉曼散射（SRS）

受激拉曼散射是光与二氧化硅分子振动模式间相互作用有关的宽带效应。受激拉曼散射使得信号波长就像是更长波长信号通道或者自发散射的拉曼位移光的一个拉曼泵。在任何情况下，短波长的信号总是被这种过程所衰减，同时长波长信号得到增强。

在单通道和多通道系统中都可能发生受激拉曼散射。仅有一个单通道且没有线路放大器的系统中，信号功率大于 1W 时可能会受到这种现象的损伤。然而在光谱范

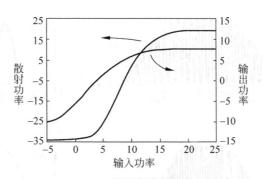

图 5.32　窄带光源的 SBS 门限

围较宽的多通道系统中,波长较短的信号通道由于受激拉曼散射影响,使得一部分功率转移到波长较长的信号通道中,从而可能引起信噪比性能的劣化。在 G.653 光纤上,系统的受激拉曼色散门限稍低于采用 G.652 光纤的系统,其原因是 G.653 光纤的等效芯径面积小。SRS 对单通道系统不会产生实际的劣化影响,而对 DWDM 系统则可能会限制其系统的容量。

在单通道系统中可以使用滤光器来滤除不需要的频率分量,然而迄今为止,还没有报道在多通道系统中用来消除 SRS 影响的可实用的技术;也可以通过减小信号功率来减轻受激拉曼射效应的影响。不过在目前实施的经过认真设计的 DWDM 系统中没有出现明显的 SRS 限制。

3) 自相位调制(SPM)

由于克尔效应,信号光强度的瞬时变化引起其自身的相位调制,这种效应叫做自相位调制(self-phase modulation,SPM)。在单通道系统中,当强度变化导致相位变化时,自相位调制效应将逐渐展宽信号的频谱,如图 5.33 所示。在光纤的正常色散区中,由于色度色散效应,一旦自相位调制效应引起频谱展宽,沿着光纤传输的信号将经历更大的时域展宽。不过在反常色散区,光纤的色度色散效应和自相位调制效应能够互相补偿,使信号展宽变小。

一般情况下,SPM 效应只在高累积色散或超长系统中比较明显。工作在正常色散区的色散受限系统可能不能容忍自相位调制效应。在通道间隔很窄的多通道系统中,由自相位调制引起的频谱展宽可能在相邻通道间产生干扰。脉冲压缩能抑制色度色散并提供一定的色散补偿。然而,最大色散限制和相应的传输距离限制仍然存在。图 5.33 说明了在 G.652 光纤中的低啁啾强度调制信号的自相位调制引起传输脉冲的压缩;同时也可以说明频谱展宽。

采用 G.653 光纤且将信号通道设置在零色散区附近,将有利于减小自相位调制效应的影响。对于使用 G.652 光纤且长度小于 1000km 的系统,可以在适当的间隔处进行色散补偿来控制自相位调制效应的影响。也可以通过减小输入光功率或者将系统工作波长设置在 G.655 光纤的零色散波长以上来削弱自相位调制效应的影响。

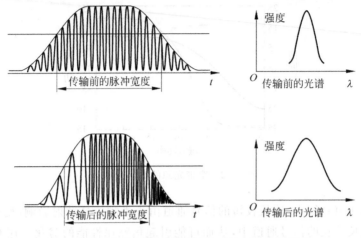

图 5.33 自相位调制引起传输脉冲的压缩和谱展宽

4）互相位调制（XPM）

在多通道系统中，当光强度的变化导致相位变化时，由于相邻通道间的相互作用，互相位调制（cross phase modulation，XPM）一般会展宽信号频谱。XPM 引起的频谱展宽度与通道间隔及光纤色散有关，因为色散引起的差分群速会导致沿光纤传播的相互作用的脉冲分离。一旦 XPM 引起频谱展宽，信号在沿光纤长度传播时就会因色度色散效应而经受一次较大的瞬时展宽。

XPM 导致的损伤在 G.652 光纤系统中比在 G.653 光纤和 G.655 光纤系统中更为明显。XPM 引起的展宽会导致多通道系统中相邻通道间的干扰。

XPM 可通过选择适当的通道间隔的方法加以控制。研究表明，XPM 引起的多通道系统信号失真只发生于相邻通道。因此，信号因通道之间有适当的间隔而使 XPM 影响可忽略不计。在对每通道功率为 5mW 的系统进行的模拟试验中，已证实 100GHz 的通道间隔足以减小 XPM 的影响。XPM 导致的色散代价也可采取在系统沿线按适当间隔进行色散补偿的办法加以控制。

5）四波混频（FWM）

四波混频（four-wave mixing，FWM）亦称四声子混合，是因不同波长的两、三个光波相互作用而导致在其他波长上产生所谓混频产物或边带的新光波的现象。这种相互作用可能发生于多通道系统的各信号之间、EDFA 的自发辐射噪声与信号通道之间或单通道的主模与边模之间。

3 个信号的情况下，产生的混频产物如图 5.34 所示。

当通道间隔相等时，这些产物会恰恰落入相邻的信号通道之中。如果边带与初始信号之间的相位匹配条件达到了，那么沿着光纤传播的两个光波就会产生高效率的 FWM。

FWM 边带的产生可能造成信号功率明显减小。更严重的是，当混频产物直接落入信号通道时会产生参量干扰，这种干扰决定于信号与边带的相位的相互作用，表现

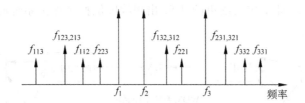

图 5.34　三光波互作用产生的混频产物

为信号脉冲幅度的增减。参量干扰导致接收机输出眼图的闭合,致使比特差错率 (BER)性能劣化。依靠频率间隔和色度色散对互作用光波之间相位匹配的破坏作用可减小 FWM 产生的影响。在 G.652 光纤上的系统所受的 FWM 损伤比 G.653 光纤上的系统小。相反,若信号通道恰巧位于零色散点或邻近该点处,就可能导致在相对较短(即数十公里)的光纤长度上 FWM 产生激增。

四波混频可能对使用 G.653 光纤的多通道系统造成严重的系统损伤,因为信号只经历一个很小的色度色散。在单通道系统中,FWM 的相互作用可能出现在信号与 ASE 噪声之间,也可能出现在光发送机的主模与边模之间。积累的 ASE 通过非线性折射率效应将相位噪声叠加在信号载波上,从而使信号频谱尾部变宽。

如前面指出的那样,G.655 或 G.652 光纤的色散可用于抑制 FWM 边带的产生。还可安排不均匀的通道间隔,以缓解 FWM 损伤的严重程度。降低 G.653 光纤系统的功率电平,可允许多通道运行,但这会削弱光放大的优势。为了适当抑制混频产物,已提出了(现有或正在研究的新建议)在 EDFA 放大带宽范围内有一个最小允许色散(即非零色散)光纤的方案。用色散特性相反的非零色散光纤作替换段也可作为一种可能采用的方案,然而,这种替换可能因要把另一种光纤引入外部环境而在安装、运行和维护上遇到困难。还证实了一些采用较小有限色散的长光纤段和色散相反且较大的短段光纤(提供补偿)的类似方法。

## 5.5.3　DWDM 网络保护

由于 DWDM 系统承载的业务量很大,因此安全性特别重要。DWDM 网络主要有两种保护方式:一种是基于光通道的 1+1 或 1:n 的保护。另一种是基于光线路的保护。

### 1. 光通道保护

光通道保护示意图如图 5.35 所示。这种保护机制与 SDH 系统的 1+1 复用段保护类似,所有的系统设备都需要有备份,SDH 终端、复用器/解复用器、线路光放大器、光缆线路等,SDH 信号在发送端被永久桥接在工作系统和保护系统,在接收端监视从这两个 DWDM 系统收到的 SDH 信号状态,并选择更合适的信号,这种方式的可靠性比较高,但是成本也比较高。在一个 DWDM 系统内,每一个光通道的倒换与其他通道的倒换没有关系,即工作系统里的 $TX_1$ 出现故障倒换至保护系统时,$TX_2$ 可继续工作在工作系统上。

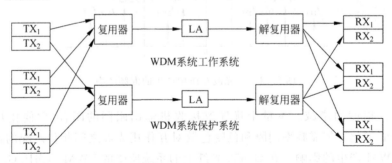

W：work 工作通道　　　　P：protect 保护通道

图 5.35　1+1 光通道保护

考虑到一条 DWDM 线路可以承载多条 SDH 通路,因而也可以使用同一 DWDM 系统内的空闲波长通道作为保护通路。

如图 5.36 所示为 $n+1$ 路的 DWDM 系统,其中 $n$ 个波长通道作为工作波长,一个波长通道作为保护系统。但是考虑到实际系统中,光纤、光缆的可靠性比设备的可靠性要差,只对系统保护,而不对线路保护,实际意义不是太大。

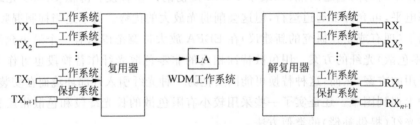

图 5.36　1：$n$ 光通道保护

## 2. 光线路保护

如图 3.37 所示,在发射端和接收端分别使用 1：2 光分路器和光开关,或采用其他手段,在发送端对合路的光信号进行功率分配,在接收端,对两路输入光信号进行

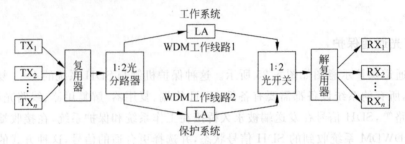

图 5.37　光线路保护

优选。

　　这种技术只在线路上进行 1＋1 保护,而不对终端设备进行保护,只有光缆和 DWDM 的线路系统(如光线路放大器)是备份的,而 DWDM 系统终端站的 SDH 终端和复用器等则是没有备份的。相对于 1＋1 光通道保护,光线路保护降低了成本。光线路保护只有在具有不同路由的两条光缆中实施时才有实际意义。

### 3. 网络管理信息通道备份

　　在 DWDM 传输网中,网络管理信息一般是通过光监控通道传送的,若光监控通道与主信道采用同一物理通道,这样在主信道失效时,光监控通道也往往同时失效,所以必须提供网络管理信息的备份通道。在环形组网中,当某段传输失效(如光缆损坏等)时,网络管理信息可以自动改由环形另一方向的监控通道传送,这时不影响对整个网络的管理。如图 5.38 所示为环形组网时网络管理信息通道的自动备份方式。

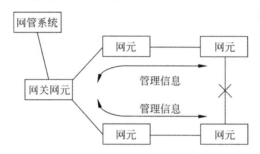

图 5.38　环形组网时网络管理信息通道备份示意图(某段传输失效时)

　　但是,当某段中某站点两端都失效时,或者是在点对点和链形组网中某段传输失效时,网络管理信息通道将失效,这样网络管理者就不能获取失效站点的监控信息,也不能对失效站点进行操作。为防止这种情况出现,网络管理信息应该选择使用备份通道,例如,通过数据通信网。在需要进行保护的两个网元之间,通过路由器接入数据通信网,建立网络管理信息备份通道。在网络正常时,网络管理信息通过主管理信道传送,如图 5.39 所示。

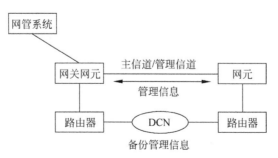

图 5.39　网络管理信息通道备份示意图(正常时)

当主信道发生故障时,网元自动切换到备份通道上传送管理信息,保证网络管理系统对整个网络的监控和操作。整个切换过程是不需要人工干预自动进行的。网络管理信道备份示意如图 5.40 所示。

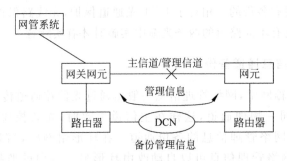

图 5.40　网络管理信息通道备份示意图(主信道失效时)

值得注意的是:在网络规划中,备份管理信道和主信道应选择不同的路径,这样才能起到备份的作用。

# 第6章

# EPON接入网

## 6.1  接入网的概念

接入网(access network,AN)的定义：由用户网络接口(user network interface,UNI)到业务节点接口(service network interface,SNI)之间的一系列传送实体所组成的全部设施,即所谓接入网是指骨干网络到用户终端之间的所有设备,接入网不解释信令。如图 6.1 所示,接入网主要有五项功能,即用户端口功能、业务端口功能、核心功能、传送功能和 AN 系统管理功能。

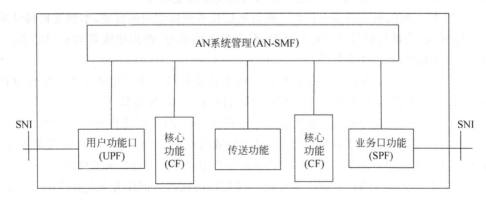

图 6.1  接入网功能结构

用户口功能(user port function,UPF)包括：A/D 转换和信令转换；UNI 的激活/去激活；处理 UNI 承载通路/容量；UNI 的测试和 UPF 的维护；管理和控制功能。

业务口功能(service port function,SPF)包括：将承载通路的需要和即时的管理以及操作需要映射进核心功能、特定 SNI 所需要的协议映射、SNI 的测试和 SPF 的维护、管理和控制功能。

核心功能(core function,CF)包括：接入承载通路处理；承载通路集中；信令和分组信息复用、ATM 传送承载通路的电路模拟、管理和控制功能。

传送功能(transport function,TF)包括：复用功能、交叉连接功能(包括疏导和配置)、管理功能、物理媒质功能。

AN 系统管理功能(AN system management function,AN-SMF)包括：配置和控制、指配协调、故障检测和指示、用户信息和性能数据收集、安全控制、协调 UPF 和 SN(经 SNI)的即时管理和操作功能、资源管理。

接入网的接入方式包括铜线(普通电话线)接入、光纤接入、光纤同轴电缆(有线电视电缆)混合接入、无线接入和以太网接入等几种方式。其中铜线接入技术可分为：HDSL 接入、ADSL 接入和 VHDL 接入等。光纤接入技术可分为：APON 接入、EPON 接入和 GPON 接入等。无线接入技术可分为 3.5GHz 固定无线接入、ATM 无线接入等。以太网接入技术是将以太网技术与综合布线相结合,作为公用电信网的接入网,直接向用户提供基于 IP 的多种业务传送通道。电缆调制解调器接入技术是在有线电视公司推出的混合同轴光纤(HFC)网上发展起来的,在有线电视(CATV)网络内添置电缆调制解调器(Ca-ble Modem)后就建立起了强大的数据接入网。

随着电信行业垄断市场消失和电信网业务市场的开放,电信业务功能、接入技术的不断提高,接入网也伴随着发展,主要表现在以下几点：

(1) 接入网的复杂程度在不断增加。不同的接入技术间的竞争与综合使用,以及要求对大量电信业务的支持等,使得接入网的复杂程度增加。

(2) 接入网的服务范围在扩大。随着通信技术和通信网的发展,本地交换局的容量不断扩大,交换局的数量在日趋减少,在容量小的地方,改用集线器和复用器等,这使接入网的服务范围不断扩大。

(3) 接入网的标准化程度日益提高。在本地交换局逐步采用基于 V5.X 标准的开放接口后,电信运营商更加自由地选择接入网技术及系统设备。

(4) 接入网应支持更高档次的业务。市场经济的发展,促使商业和公司客户要求更大容量的接入线路用于数据应用,特别是局域网互连,要求可靠性、短时限的连接。随着光纤技术向用户网的延伸,CATV 的发展给用户环路发展带来了机遇。

(5) 支持接入网的技术更加多样化。尽管目前在接入网中光传输的含量在不断增加,但如何更好地利用现有的双绞线仍受重视,而对要求快速建设的大容量接入线路,则可选用无线链路。

(6) 光纤技术将更多地应用于接入网。随着光纤覆盖扩展,光纤技术也将日益增多地用于接入网,从发展的角度看,SDH、ATM、IP/DWDM 目前仅适用于主干光缆段和数字局端机接口,随着业务的发展,光纤接口将进一步扩展到路边,并最终进入家庭,真正实现宽带光纤接入,实现统一的宽带全光网络结构,因此,电信网络将真正成为 21 世纪信息高速公路的坚实网络基础。

# 6.2 光纤接入网

## 6.2.1 光纤接入网定义

光接入网(optical access network,OAN)泛指在本地交换机,或远端模块与用户之间全部或部分采用光纤作为传输媒质的一种接入网。由光传输系统支持的共享同一网络侧接口的接入连接的集合。光接入网可以包含与同一光线路终端(optical line terminal,OLT)相连的多个光分配网(optical distribution network,ODN)和光网络单元(optical network unit,ONU)。OLT 为 ODN 提供网络接口并连至一个或多个ODN;ODN 为 OLT 和 ONU 提供传输;ONU 为 OAN 提供用户侧接口并与 ODN 相连。EPON 是指采用 PON 的拓扑结构实现以太网的接入,下行采用 TDM 传输方式,上行采用 TDMA 方式,采用以太网的帧结构和接口。

光纤接入网(OAN),是指用光纤作为主要的传输媒质,实现接入网的信息传送功能。通过光线路终端(OLT)与业务节点相连,通过光网络单元(ONU)与用户连接,如图 6.2 所示。光纤接入网包括远端设备——光网络单元和局端设备——光线路终端,它们通过传输设备相连。系统的主要组成部分是 OLT 和远端 ONU。它们在整个接入网

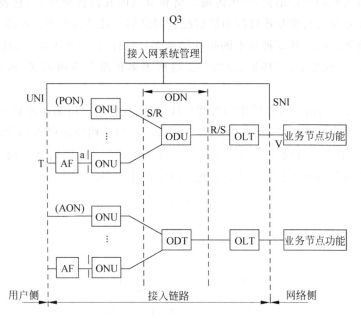

图 6.2 光纤接入网示意图

123

中完成从业务节点接口(SNI)到用户网络接口(UNI)间有关信令协议的转换。接入设备本身还具有组网能力,可以组成多种形式的网络拓扑结构。同时接入设备还具有本地维护和远程集中监控功能,通过透明的光传输形成一个维护管理网,并通过相应的网管协议纳入网管中心统一管理。

OLT 的作用是为接入网提供与本地交换机之间的接口,并通过光传输与用户端的光网络单元通信。它将交换机的交换功能与用户接入完全隔开。光线路终端提供对自身和用户端的维护和监控,它可以直接与本地交换机一起放置在交换局端,也可以设置在远端。

ONU 的作用是为接入网提供用户侧的接口。它可以接入多种用户终端,同时具有光电转换功能以及相应的维护和监控功能。ONU 的主要功能是终结来自 OLT 的光纤,处理光信号并为多个小企业、事业用户和居民住宅用户提供业务接口。ONU 的网络端是光接口,而其用户端是电接口,因此 ONU 具有光/电和电/光转换功能,它还具有对话音的数/模和模/数转换功能。ONU 通常放在距离用户较近的地方,其位置具有很大的灵活性。

光纤接入网从系统分配上分为有源光网络(active optical network,AON)和无源光网络(passive optica network,PON)两类。

## 6.2.2　光纤接入网的拓扑结构

光纤接入网的拓扑结构,是指传输线路和节点的几何排列图形,它表示了网络中各节点的相互位置与相互连接的布局情况。网络的拓扑结构对网络功能、造价及可靠性等具有重要影响。其3种基本的拓扑结构是:总线形、环形和星形,由此又可派生出总线—星形、双星形、双环形、总线—总线形等多种组合应用形式,各有特点、相互补充。

(1) 总线形结构是以光纤作为公共总线(母线)、各用户终端通过某种耦合器与总线直接连接所构成的网络结构,如图 6.3 所示。这种结构属串联型结构,特点是:共享主干光纤,节省线路投资,增删节点容易,彼此干扰较小;但缺点是损耗累积,用户接收机的动态范围要求较高;对主干光纤的依赖性太强。

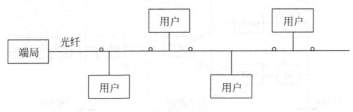

图 6.3　总线形光纤接入网结构

（2）环形结构是指所有节点共用一条光纤链路，光纤链路首尾相接自成封闭回路的网络结构，如图 6.4 所示。这种结构的突出优点是可实现网络自愈，即无需外界干预，网络即可在较短的时间里从失效故障中恢复所传业务。

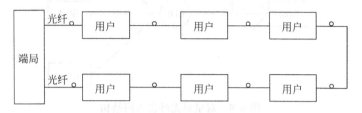

图 6.4　环形光纤接入网结构

（3）星形结构是各用户终端通过一个位于中央节点（设在端局内）具有控制和交换功能的星形耦合器进行信息交换，这种结构属于并联型结构。它不存在损耗累积的问题，易于实现升级和扩容，各用户之间相对独立，业务适应性强。但缺点是所需光纤代价较高，对中央节点的可靠性要求极高。星形结构又分为单星形结构、有源双星形结构及无源双星形结构 3 种。

其中单星形结构是用光纤将位于电信交换局的 OLT 与用户直接相连，基本上都是点对点的连接，与现有铜缆接入网结构相似，如图 6.5 所示。每户都有单独的一对线，直接连到电信局，因此单星形可与原有的铜线网络兼容；用户之间互相独立，保密性好，升级和扩容容易，只要两端的设备更换就可以开通新业务，适应性强。缺点是成本太高，每户都需要单独的一对光纤或一根光纤（双向波分复用），要通向千家万户，就需要上千芯的光缆，难于处理，而且每户都需要专用的光源检测器，相当复杂。

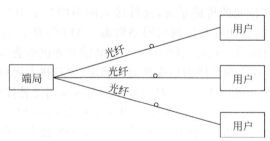

图 6.5　单星形光纤接入网结构

另外，有源双星形结构是在中心局与用户之间增加了一个有源接点，如图 6.6 所示。中心局与有源接点共用光纤，利用时分复用（TDM）或频分复用（FDM）传送较大容量的信息，到有源接点再换成较小容量的信息流，传到千家万户。其优点是灵活性较强，中心局有源接点间共用光纤，光缆芯数较少，降低了费用。缺点是有源接点部分复杂，成本高，维护不方便；另外，如要引入宽带新业务，将系统升级，则需将所有光电设备都更换，或采用波分复用叠加的方案，这比较困难。

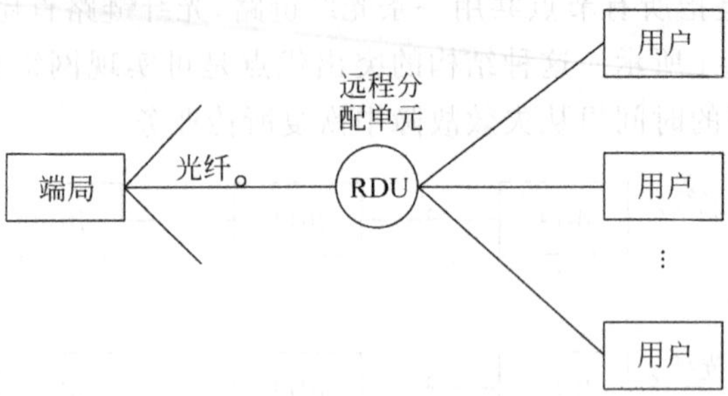

图 6.6　双星形光纤接入网结构

## 6.3　无源光网络

### 6.3.1　PON 技术概述

无源光网络(PON),是指在 OLT 和 ONU 之间是光分配网络(ODN),没有任何有源电子设备,它包括基于 ATM 的无源光网络 APON 及基于 IP 的 PON。

APON 的业务开发是分阶段实施的,初期主要是 VP 专线业务。相对普通专线业务,APON 提供的 VP 专线业务设备成本低、体积小、省电、系统可靠稳定、性能价格比有一定优势。第二步实现一次群和二次群电路仿真业务,提供企业内部网的连接和企业电话及数据业务。第三步实现以太网接口,提供互联网上网业务和 VLAN 业务。以后再逐步扩展至其他业务,成为名副其实的全业务接入网系统。

APON 采用基于信元的传输系统,允许接入网中的多个用户共享整个带宽。这种统计复用的方式,能更加有效地利用网络资源。APON 能否大量应用的一个重要因素是价格问题。目前第一代的实际 APON 产品的业务供给能力有限、成本过高,其市场前景由于 ATM 在全球范围内的受挫而不确定,但其技术优势是明显的。特别是综合考虑运行维护成本,在新建地区、高度竞争的地区或需要替代旧铜缆系统的地区,此时敷设 PON 系统,无论是 FTTC 还是 FTTB 方式都是一种有远见的选择。在未来几年能否将性价比改进到市场能够接受的水平是 APON 技术生存和发展的关键。

IPPON 的上层是 IP,这种方式可更加充分地利用网络资源,容易实现系统带宽的动态分配,简化中间层的复杂设备。基于 PON 的 OAN 不需要在外部站中安装昂贵的有源电子设备,因此使服务提供商可以高性价比地向企业用户提供所需的带宽。

无源光网络(PON)是一种纯介质网络,避免了外部设备的电磁干扰和雷电影响,减少了线路和外部设备的故障率,提高了系统可靠性,同时节省了维护成本,是电信维护部门长期待的技术。无源光接入网的优势具体体现在以下几方面:

(1)无源光网络体积小,设备简单,安装维护费用低,投资相对也较小。

(2)无源光设备组网灵活,拓扑结构可支持树形、星形、总线形、混合形、冗余形等网络拓扑结构。

（3）安装方便，它有室内型和室外型。室外型可直接挂在墙上，或放置于"H"杆上，无须租用或建造机房。而有源系统需进行光电、电光转换，设备制造费用高，要使用专门的场地和机房，远端供电问题不好解决，日常维护工作量大。

（4）无源光网络适用于点对多点通信，仅利用无源分光器实现光功率的分配。

（5）无源光网络是纯介质网络，彻底避免了电磁干扰和雷电影响，极适合在自然条件恶劣的地区使用。

（6）从技术发展角度看，无源光网络扩容比较简单，不涉及设备改造，只需设备软件升级，硬件设备一次购买、长期使用，为光纤入户奠定了基础，使用户投资得到保证。

无源光网络（PON）有 APON（BPON）、EPON（GEPON）、GPON 之分。其中 APON（BPON）、GPON 是由 ITU 制定的标准，其主要特点是以 ATM 技术为基础。1998 年，ITU-T 以 ATM 技术为基础，发布了 G.983 系列 APON（ATM PON）标准，后于 2001 年更名为 BPON，即"宽带的 PON"。2003 年 3 月—2004 年 6 月，ITU-T 在 APON 的基础上先后颁布了 G.984 系列 GPON（Gbit PON）标准。

以太无源光网络（ethernet over Passive Optical Networks，EPON）是 IEEE 于 2004 年 6 月，颁布文号为 IEEE 802.3ah 的基于以太网技术的无源光网络标准。

APON、GPON、EPON 的网络拓扑结构相似，其主要差异在于不同的二层技术，其技术特点的比较如表 6.1 所示。APON、GPON 采用的是 ATM 技术，APON 的最高速率为 622Mb/s，二层采用的是 ATM 封装和传送技术，由于存在带宽不足、技术复杂、价格高、承载 IP 业务效率低等问题，一直未能取得市场上的成功。而 GPON 在二层采用 ITU-T 定义的 GFP（通用成帧规程）对 Ethernet、TDM、ATM 等多种业务进行封装映射，能提供 1.25Gb/s 和 2.5Gb/s 下行速率和所有标准的上行速率，并具有 OAM 功能。

表 6.1　几种光接入技术的比较

| 项目 | | 技 术 特 点 | |
|---|---|---|---|
| PON | A/BPON | 利用 ATM 的集中和统计复用，业务开发是分阶段实施，运营成本低 | 价格高，不适应现在网络向 IP 发展的趋势，且升级困难，一般只能升级到下行 622Mb/s、上行 155Mb/s |
| | EPON | 用最简单的方式实现点到多点 Gb 以太网光纤接入系统，支持接入速率从 1Gb/s 升级到 10Gb/s | 根据测试，实际吞吐量下行可达 950Mb/s，上行可达 900Mb/s |
| | GPON | 采用动态带域分割技术，可实现 1Gb/s 的速率，对 TDM 业务的支持具有较高的效率，可用带宽最大（2.5Gb/s） | 目前正在开发使用芯片 |

第一英里以太网联盟（ethernet in the first mile，EFM）在 2001 年初定义了两种 EPON 的光接口：1000BASE-PX10-U/D 和 1000BASE-PX20-U/D，分别工作在 10km 范围和 20km 范围的 EPON 光接口；定义了 MPCP（多点控制协议），使 EPON 系统具备了下行广播发送，上行 TDMA（时分多址接入）的工作机制；定义了可选的 OAM 层功能，为 EPON 系统提供了一种运营、维护、管理的机制。IEEE 802.3ah 工作小组对

其进行了标准化,EPON 可以支持 1.25Gb/s 对称速率,并能升级到 10Gb/s。

## 6.3.2　PON 系统模型

以 EPON(以太网无源光网络)系统为例。EPON 就是将信息封装成以太网帧进行传输的 PON。由于以太网相关器件价格相对低廉,并且对于在通信业务量中所占比例越来越大的以太网承载的数据业务而言,EPON 免去了 IP 数据传输的协议和格式转化,效率高,传输速率达 1.25Gb/s,且有进一步升级的空间,因此 EPON 受到了普遍关注。PON 系统参考结构如图 6.7 所示。

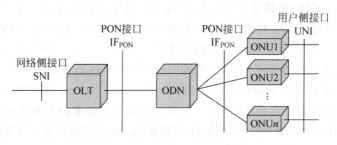

图 6.7　PON 系统参考结构

EPON 是一种采用点到多点结构的单纤双向光接入网络,其典型拓扑结构为树形。EPON 系统由局侧的 OLT(光线路终端)、用户侧的光网络单元 ONU/ONT(光网络单元/终端)和 ODN(光分配网络)组成,为单纤双向系统。在下行方向(OLT 到 ONU 广播),OLT 发送的信号通过 ODN 到达各个 ONU。在上行方向(ONU 到 OLT 点到点),ONU 发送的信号只会到达 OLT,而不会到达其他 ONU。为了避免数据冲突并提高网络利用效率,上行方向采用 TDMA 多址接入方式并对各 ONU 的数据发送进行仲裁。ODN 也指 POS(passive optical splitter),由光纤和一个或多个无源光分路器等无源光器件组成,在 OLT 和 ONU 间提供光通道。

一般而言,OLT 位于网络侧,放在中心局端(central office,CO),多为以太网络交换机或媒体转换器平台,提供网络集中和接入,能完成光/电转换、带宽分配和控制各信道的连接,并有实时监控、管理及维护功能;ONU 位于用户侧(如路边、建筑物或用户住处),采用以太网协议,实现以太网第二层第三层交换功能。PON 系统结构如图 6.8 所示。

PON 工作的基本原理是,在一定的物理限制和带宽限制条件下,让尽可能多的终端设备 ONT 来共享局端设备 OLT 和馈送光纤。

工作原理:OLT 将送达各个 ONU 的下行业务组装成帧,以广播的方式发给多个 ONU,即通过光分路器分为 N 路独立的信号,每路信号都含有发给所有特定 ONU 的帧,各个 ONU 只提取发给自己的帧,将其他 ONU 的帧丢弃;上行方向从各个 ONU 到 OLT 的上行数据通过时分多址(TDMA)方式共享信道进行传输,OLT 为每个 ONU 都分配一个传输时隙。这些时隙是同步的,因此当数据包耦合到一根光纤中

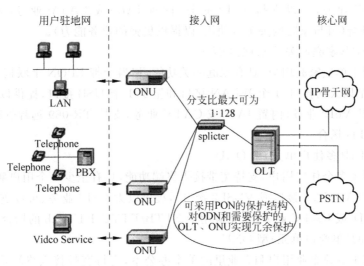

用户驻地网　　　　　　接入网　　　　　核心网

图6.8　PON的网络位置

时,不同 ONU 的数据包之间不会产生碰撞。

对应于 $N$ 个 ONU,OLT 有 $N$ 个 MAC 端口(接口)。在下行方向,OLT 为每个已注册成功的 ONU 分配一个唯一的链路 ID(LLID)。EPON 下行帧由一个被分成固定长度帧的连续信息流组成,每帧携带多个可变长度的数据包(时隙)。OLT 在帧中插入发出该帧的 MAC 端口的 LLID,并将数据以可变长度的数据包广播传送给所有在 EPON 上与 OLT 相连的 ONU。数据到达 ONU 时,由 ONU 的 MAC 层进行地址解析,提取出符合自己的 LLID 的数据包,丢弃其他的数据包。注意,每个 ONU 只能在预先分配的时隙内接入并取出属于自己的信息。

上行方向采用时分方式共享系统,通过接入控制机制将各个 ONU 有序接入。将上行传输时间分为若干时隙,OLT 在每个时隙只安排一个 ONU 发送信息。各 ONU 在每个传送帧的前导码中插入分配的 LLID,并按 OLT 规定的时间顺序依次向 OLT 发送,多个 ONU 的上行信息组成一个 TDM 信息流传送到 OLT。这样,各 ONU 的数据包(包含 1 个或多个以太帧)汇合到公共光纤时,就不会发生互相碰撞。OLT 接收数据时比较 LLID 注册列表,基于特定的 LLID 将帧解码到合适的 MAC 端口。

## 6.3.3　FTTx 业务模型

EPON 系统可能承载的业务类型包括以太网/IP 业务、语音业务、TDM 业务和 CATV 业务等,其中 TDM 业务为 E1 电路仿真业务。EPON 系统应具有承载以太网/IP 业务的能力,可选支持语音业务、TDM 业务和 CATV 业务。

EPON ONU 设备的应用场景主要有以下 5 种类型。

(1) SFU(单住户单元)型 ONU

主要用于单独家庭用户,仅支持宽带接入终端功能,具有 1 或 4 个以太网接口,提供以太网/IP 业务,可以支持 VoIP 业务(内置 IAD)或 CATV 业务,主要应用于 FTTH 的场合(可与家庭网关配合使用,以提供更强的业务能力)。

（2）HGU(家庭网关单元)型 ONU

主要用于单独家庭用户,具有家庭网关功能,相当于带 EPON 上联接口的家庭网关,具有 4 个以太网接口、1 个 WLAN 接口和至少 1 个 USB 接口,提供以太网/IP 业务,可以支持 VoIP 业务(内置 IAD)或 CATV 业务,支持 TR-069 远程管理。主要应用于 FTTH 的场合。

（3）MDU(多住户单元)型 ONU

主要用于多个住宅用户,支持宽带接入终端功能,具有至少 8 个用户侧接口(包括以太网接口、ADSL2＋接口或 VDSL2 接口),提供以太网/IP 业务、可以支持 VoIP 业务(内置 IAD)或 CATV 业务,主要应用于 FTTB/FTTC/FTTCab 的场合。

（4）SBU(单商户单元)型 ONU

主要用于单独企业用户和企业里的单个办公室,支持宽带接入终端功能,具有以太网接口和 E1 接口,提供以太网/IP 业务和 TDM 业务,可选支持 VoIP 业务。主要应用于 FTTO 的场合。

（5）MTU(多商户单元)型 ONU

主要用于多个企业用户或同一个企业内的多个个人用户,支持宽带接入终端功能,具有多个以太网接口(至少 8 个)、E1 接口和 POTS 接口,提供以太网/IP 业务、TDM 业务和 VoIP 业务(内置 IAD),主要应用于 FTTB/FTTBiz 的场合。

按照 ONU 在接入网中所处的位置不同,EPON 系统可以有几种网络应用类型(如图 6.9 所示):光纤到家庭用户(FTTH)、光纤到公司/办公室(FTTO)、光纤到楼宇/分线盒(FTTB/C)、光纤到交接箱(FTTCab)。

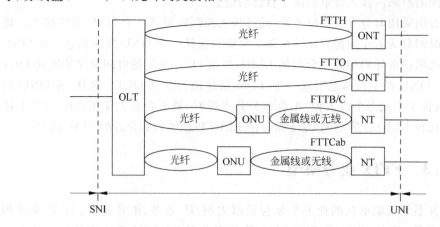

图 6.9 FTTx 接入网应用类型

光纤到家庭用户 FTTH:仅利用光纤传输媒质连接通信局端和家庭住宅的接入方式,引入光纤由单个家庭住宅独享。

光纤到公司/办公室 FTTO:仅利用光纤传输媒质连接通信局端和公司或办公室

用户的接入方式,引入光纤由单个公司或办公室用户独享,ONU/ONT 之后的设备或网络由用户管理。

光纤到楼宇/分线盒 FTTB/C:以光纤替换用户引入点之前的铜线电缆,ONU 部署在传统的分线盒(用户引入点)即分配点(distribution point,DP),ONU 下采用其他介质接入用户。

光纤到交接箱 FTTCab:以光纤替换传统馈线电缆,ONU 部署在交接箱即 FP 点处,ONU 下采用其他介质接入到用户。

图 6.10 形象地给出了 FTTx 业务模型。表 6.2 中进一步给出 FTTx 业务能力的若干参数。

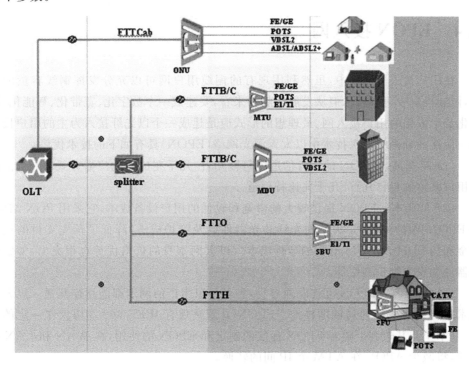

图 6.10　FTTx 业务模型

表 6.2　FTTx 业务能力

| 项　　目 | FTTCab | FTTB/C | FTTO | FTTH |
|---|---|---|---|---|
| 常见应用模式 | FTTCabinet | FTTBuilding/FTTCurb | FTTOffice | FTTHome |
| ONU 容量 | 数百线 | 数十线 | 单企业/办公室 | 单住户 |
| OLT-ONU 距离 | 5～100km | <20km | <20km | <20km |
| ONU 距离用户的典型距离 | 1～3km | ≤300m | 0～50m | 0～20m |
| 每用户带宽能力 | 2～25Mb/s | 50Mb/s 或 100Mb/s | 100Mb/s～1Gb/s | ≥100Mb/s |

131

| 项　目 | FTTCab | FTTB/C | FTTO | FTTH |
|---|---|---|---|---|
| ONU 侧用户接口常用技术 | POTS ADSL/ADSL2＋ VDSL2 | VDSL2/TDM FE POTS | FE/GE TDM WLAN ATM | FE POTS WLAN RF |
| ONU 设备类型 | ONU（此处特指数百线的） | MDU/MTU | SBU | SFU |

# 6.4　EPON 接入网

在用户接入网建设中,虽然利用现有的铜缆用户网可以充分发挥铜线容量的潜力,做到投资少、见效快,但从发展的趋势来看,要建成一个数字化、宽带化、智能化、综合化及个人化的用户接入网,最理想的形式应是建成一个以光纤接入为主的用户接入网。而在几种光纤接入技术中以太无源光网络(EPON)具有如下的技术优势:

(1) 带宽高。EPON 的下行信道为每秒几百/几千兆比特的广播方式;上行信道为用户共享的每秒几百/几千兆比特信道。

(2) 低成本。EPON 提供较大的带宽和较低的用户设备成本,它采用 PON 结构,使 EPON 网络中减少了大量的光纤和光器件以及维护成本,降低了预先支付的设备资金和与 SDH 及 ATM 有关的运行成本。以太网本身的价格优势也很突出,如廉价的器件和安装维护方便等。

(3) 易兼容。EPON 互连互通容易,各个厂家生产的网卡都能互连互通。以太网技术是目前最成熟的局域网技术。EPON 只是对现有 IEEE 802.3 协议作一定的补充,基本上与其兼容。随着 EPON 标准的制定和 EPON 的使用,在 WAN 和 LAN 连接时,将减少 APON 在 ATM 个 IP 间的转换。

EPON 技术应用广泛,实现 IP Over EPON 是光纤接入网的最佳方案。随着 IP 技术的发展和技术水平的提高,EPON 会在接入网中占有统治地位。从长远的观点来看,最终 EPON 比 APON 会更有优势。

## 6.4.1　EPON 的信息流

在 EPON 系统中,OLT 既是一个交换机或路由器,又是一个多业务提供平台(multiple service providing platform,MSPP)它提供面向无源光纤网络的光纤接口。OLT 根据需要可以配置多块光线路卡(optical line card,OLC),OLC 与多个 ONU 通过 POS(packet over SONET/SDH)连接,从 OLT 到 OUN 距离最大可达 20km,若使用光纤放大器(有源中继器),距离还可以扩展。EPON 中 ONU 采用了技术成熟的以太网络协议,在中宽带和高宽带的 ONU 中,实现了成本低廉的以太网第二层第三层交换功能。此类 ONU 可以通过层叠来为多个最终用户提供共享高带宽。在 EPON 中传送的是可变长度的数据包,最长可为 1518 个字节。EPON 下行采用 TDM 传输方式,信息流的分发如图 6.11 所示。

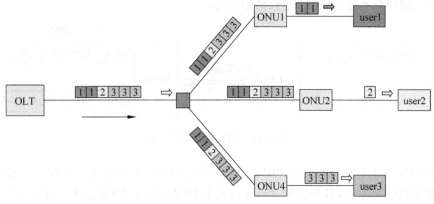

图 6.11  EPON 下行信息流的分发

OLT 将数据可变长度的数据包广播传输给所有在 PON 上的 ONU,每包携带一个具有传输目的地 ONU 标识符的信头。此外,有些包可能要传输给所有的 ONU,或指定的一组 ONU 时,它接收属于自己的数据包,丢弃其他的数据包。EPON 在上行传输时,采用 TDMA 技术将多个 ONU 的上行信息组织成一个 TDM 信息流传送到 OLT,如图 6.12 所示。

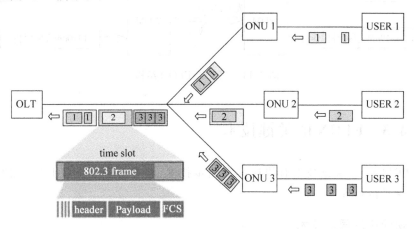

图 6.12  EPON 上行信息流的分发

## 6.4.2  EPON 的硬件实现

TDMA 技术是将合路时隙分配给每个 ONU,每个 ONU 的信号在经过不同长度的光纤(不同的时延)传输后,进入光分配器的共用光纤,正好占据分配给它的一个指定时隙,以避免发生互相碰撞干扰。

EPON 的光路可以使用 2 个波长,也可以使用 3 个波长,2 个波长的结构如图 6.13 所示,1510nm 波长用来携带下行数据、语音和数字视频业务,1310nm 波长用来携带上行用户语音和点播数字视频、下载数据的请求信号。使用 1.250Gb/s 的双向 PON,即使分光比为 32,也可以传输 20km。

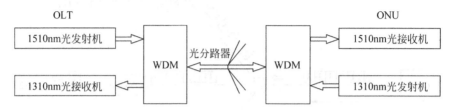

图 6.13    EPON 两波长结构

EPON 的 3 个波长的结构如图 6.14 所示,除使用 1510nm 波长携带下行数据、语音和数字视频业务外,另外使用 1550nm 波长携带下行 CATV 业务。上行用户语音信号和点播数字视频、下载数据的请求信号仍用 1310nm 波长。

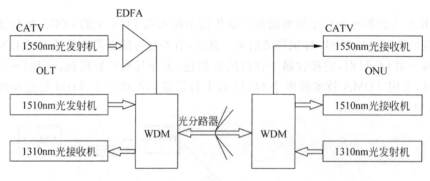

图 6.14    三波长 EPON 结构

## 6.4.3    EPON 的关键技术

EPON 的主要关键技术有快速突发同步技术、动态带宽分配(DBA)、测距技术、安全性、保护倒换等。

### 1. 快速突发同步技术

EPON 上行为多点对一点的 TDMA 通信方式。EPON 系统的测距机制保证不同 ONU 发送的信元在 OLT 端互不碰撞,但测距精度有限,一般为 ±1 比特,OLT 端接收到的数据流为近似连续的数据流,不同 ONU 发送的时隙之间有几个比特的防护时间,不同 ONU 发送的时隙之间有相位突变。因此,必须在信元到达的前几个比特内实现快速突发比特同步。

突发同步方式主要有关键字检测法和门控振荡器法以及模拟方式实现突发同步的方法。可以采用关键字检测法，其基本原理是：用多相时钟对突发时隙的前导码分别抽样判决，其后对各路数据与关键字相关比较，选择使相关性最好的时钟定为同步的比特时钟。

**2. 动态带宽分配（DBA）**

如上所述，在 EPON 系统的上行方向，采用 TDMA（时分多址接入）方式实现多个 ONU 对上行带宽的多址接入，其带宽分配方案可分为静态带宽分配的和动态带宽分配。静态带宽分配方式的原理是 OLT 周期性地为每个 ONU 分配固定的时隙作为上行发送窗口。其优点是实现简单，但存在带宽利用率低、带宽分配不灵活，对于突发性业务适应能力差等问题。

动态带宽分配（dynamic bandwidth allocation，DBA）就是 OLT 根据 ONU 的实时带宽请求获取各 ONU 的流量信息，通过特定的算法为 ONU 动态分配上行带宽，保证各 ONU 上行数据帧互不冲突。DBA 具有带宽效率高、公平性好，能够满足 QoS 要求的优点。

EPON 系统 DBA 的实现基于两种 MPCP 帧：GATE 消息和 REPORT 消息。ONU 利用 REPORT 帧向 OLT 汇报其上行队列的状态，向 OLT 发送带宽请求。OLT 根据与该 ONU 签署的服务等级协议（SLA）和该 ONU 的带宽请求，利用特定的算法计算并给该 ONU 发布上行带宽授权（grant），动态控制每个 ONU 的上行带宽。EPON 系统的DBA 一般采用轮询方式，其针对每个 ONU 的工作过程如图 6.15 所示。

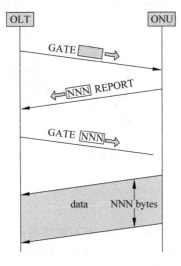

图 6.15 DBA 实现流程图

**3. 测距技术**

由于各 ONU 距 OLT 的光纤路径的不同和各 ONU 元器件的不一致性，造成

OLT 与各 ONU 间的环路时延不同,而且由于环境温度的变化和器件老化等原因,环路延时也会发生不断的变化。因此必须引入测距技术对上述原因引发的时延差异进行补偿,以确保不同 ONU 所发出的信号能够在 OLT 处准确地按时隙复用在一起。测距包括静态测距和动态测距,前者主要用在新的 ONU 安装调试阶段、停机的 ONU 重新投入运行时,以补偿各 ONU 与 OLT 之间的光纤长度和器件特性不同引起的时延差异;后者应用于系统运行过程中,补偿由于温度、光电器件老化等因素对时延特性的影响,及时调整各个 ONU 上行时隙的到达相位。

OLT 和 ONU 都有每 16ns 增 1 的 32 比特计数器。这些计数器提供一个本地时间戳。当 OLT 或 ONU 任一设备发送 MPCPDU 时,它将把计数器的值映射入时间戳域。从 MAC 控制发送给 MAC 的 MPCPDU 的第一个 8 位字节的发送时间被作为设定时间戳的参考时间。

当 ONU 接收到 MPCPDU 时,将根据所接收的 MPCPDU 的时间戳域的值来设置其计数器。

当 OLT 接收到 MPCPDU 时,将根据所接收到的时间戳来计算或校验 OLT 和 ONU 之间的往返时间。往返时间 RTT 等于定时器的值和接收到的时间戳之间的差。通过 MAC 层原语将计算的 RTT 通知客户端。客户端的测距可利用该 RTT 来完成,如图 6.16 所示,则 RTT=T2-T1+T5-T3=T5-T4,其中 T3-T2=T4-T1。

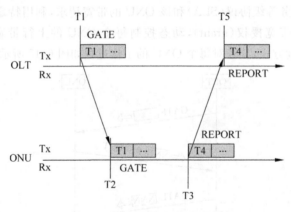

图 6.16　往返时间(RTT)计算

### 4. 安全性

在传统的以太网中,安全性并不是一个关键性的问题。然而,对于 EPON 来说,因为采用的是点对多点的结构,对安全性则有不同的要求。在 EPON 中是以广播的方式实现下行数据的传输,如果一个恶意的 ONU 可以接收到所有的下行信息,因此安全性是一个很重要的问题。此外,根据 IEEE 802.3ah,OLT 与 ONU 的带宽请求、带宽授权、测距、OAM 信息都是封装成 MAC 控制帧和 OAM 帧来交互的。所定义的 MAC 控制帧和 OAM 帧的帧格式与以太网帧是一样的,由于以太网帧的结构对用户是透明的,同时 ONU 作为用户侧设备为用户提供以太网口接入,这样上行方向存在恶意的合法用户,通过其以太网数据通道接口伪造 MAC 控制帧或 OAM 帧,来更改系统配置或捣乱系统。

为了防范这种潜在的系统风险,必须采用加密。一般来说,加密和解密可以在物理层、数据链路层以及更高的协议层实现。在 MAC 层以上实现的加密技术将只对 MAC 帧的负荷信息加密,帧头信息则没有加密。这种方案可以防止恶意的 ONU 获取负荷信息,但是其他 ONU 的地址还是有可能被恶意的 ONU 截取。对于在物理层实现的加密,物理层将对整个比特流(包括帧头和 CRC)进行加密。在接收端,物理层首先对数据进行解密然后将解密的数据传递给 MAC 层验证。因为每个 ONU 采用不同的密匙,即使是收到属于别的 ONU 的数据帧,也不能将其解密成具有正确格式的帧,因而不会被 MAC 层接受。在这种方案中,恶意的 ONU 不能获得任何信息。但是,这种方案要求 OLT 的物理层对不同的 ONU 使用不同的密匙。

### 5. 保护倒换

EPON 技术是接入网技术之一,主要用于 FTTH/FTTB 的宽带接入业务,用户接入成本较为敏感,并且对保护的要求相对较低,因此,EPON 系统现有的保护方式的实际应用价值较低。

为了实现简单的骨干光纤保护倒换,EPON 系统应由光线路终端(OLT)、工作光纤、保护光纤、2:N 光分路器、光网络单元(ONU)组成,其中 OLT 内包括保护倒换控制模块、PON 模块和 1×2 光开关,如图 6.17 所示。

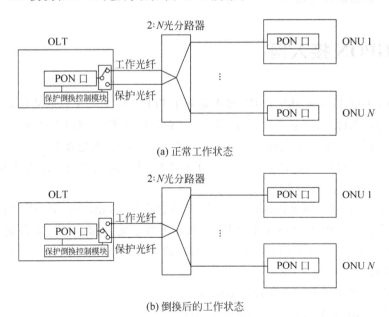

(a) 正常工作状态

(b) 倒换后的工作状态

图 6.17 支持骨干光纤保护的 EPON 系统结构

## 6.4.4　EPON 的前景展望

自从 2004 年 IEEE 802.3ah 定稿后，EPON 技术获得了快速发展。基于以太网技术所特有的技术简单、成本低、通用型和可扩展性强、承载 IP 业务的高效率等优点，EPON 获得了业界的广泛支持。

EPON 设备中的关键芯片商有 Passave、Teknovus 及 Centillium 公司等。Passave 及 Teknovus 可提供 OLT、ONU 芯片，进入市场较早，已有多家厂商采用其芯片；Centillium 仅提供 ONU 芯片组，但由于它也是新兴厂家，在产品整合度上也较高。最近，据说我国大陆和台湾的芯片厂商也开始启动了 EPON 芯片设计项目。

EPON 的设备提供商主要有 UT 斯达康、烽火、中兴、华为、西门子、北电、日立、长飞—Wave7 Optics 等公司，并且中国电信 2005 年 FTTH 试验网中采用了 UT 斯达康、烽火、中兴、华为等公司的 EPON 设备，试验开展了高速上网、VoIP、HDTV/SDTV、E1 专线、CATV 等业务。

但是，目前 EPON 系统不同厂家 OLT、ONU 互通尚未实现；设备管理和运行维护能力有待加强；ONU 的远程管理能力明显不足；EPON 设备的稳定性和可靠性还有待进一步验证。

总的说来，从国内外应用和中国电信 FTTH 现场试验的情况来看，EPON 技术已经基本成熟，但也还有待进一步完善。因此，目前 EPON 设备不适合大规模推广，但是在需求明确的地方可逐步开始应用。

# 6.5　GPON 接入网

GPON(Gigabit-Capable PON)技术是基于 ITU-TG.984.x 标准的最新一代宽带无源光综合接入标准，具有高带宽、高效率、大覆盖范围、用户接口丰富等众多优点，被大多数运营商视为实现接入网业务宽带化、综合化改造的理想技术。正是 GPON 高带宽、高效率、用户接口丰富等特点，决定了 GPON 技术的数据帧组织形式及其结构，下面将对相关内容进行介绍。

近年来，随着接入网光进铜退、FTTH 等概念的深入，相应的 GPON、EPON 等技术得到了广泛的应用，GPON 相比 EPON 拥有更高带宽、更高效率、接入业务多样等优势，受到了业内的广泛关注，近两年 GPON 的大规模应用也印证了 GPON 技术会有广阔的明天。

GPON 技术主要有如下几种传输标准。

0.155 52Gb/s，上行；1.244 16Gb/s，下行。

0.622 08Gb/s，上行；1.244 16Gb/s，下行。

1.244 16Gb/s，上行；1.244 16Gb/s，下行。

0.155 52Gb/s,上行；2.488 32Gb/s,下行。

0.622 08Gb/s,上行；2.488 32Gb/s,下行。

1.244 16Gb/s,上行；2.488 32Gb/s,下行。

2.488 32Gb/s,上行；2.488 32Gb/s,下行。

其中 1.244 16Gb/s 上行,2.488 32Gb/s 下行是目前最常用的 GPON 传输速率,本节介绍的 GPON 成帧技术也是基于该传输速率标准的。

## 6.5.1　GTC 成帧技术分析

GTC 上、下行帧结构示意如图 6.18 所示。下行 GTC 帧由下行物理控制块(PCBd)和 GTC 净荷部分组成。上行 GTC 帧由多个突发(burst)组成。每个上行突发由上行物理层开销(PLOu)以及一个或多个与特定 Alloc-ID 关联的带宽分配时隙组成。

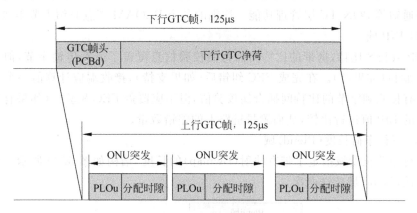

图 6.18　GTC 帧结构

下行 GTC 帧提供了 PON 公共时间参考和上行突发在上行帧中的位置进行媒质接入控制。

本节主要介绍了下行速率为 2.48832Gb/s,上行速率为 1.24416Gb/s 的 GPON 成帧技术,下行帧长为 $125\mu s$,即 38880 字节,上行帧长为 $125\mu s$,即 19440 字节。

### 1. GTC 下行成帧分析

下行物理控制块(PCBd)结构如图 6.19 所示,PCBd 由多个域组成。OLT 以广播方式发送 PCBd,每个 ONU 均接收完整的 PCBd 信息,并根据其中的信息进行相应操作。

(1) 物理同步(Psync)域

固定长度为 32 字节,编码为 0xB6AB31E0,ONU 利用 Psync 来确定下行帧的起始位置。

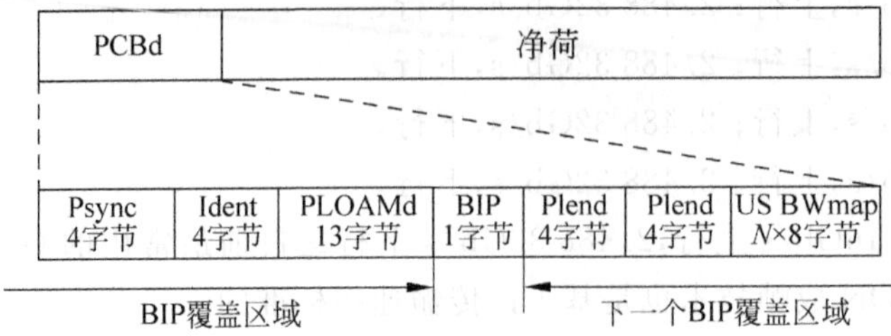

| PCBd | | | | | 净荷 | |
|---|---|---|---|---|---|---|

| Psync<br>4字节 | Ident<br>4字节 | PLOAMd<br>13字节 | BIP<br>1字节 | Plend<br>4字节 | Plend<br>4字节 | US BWmap<br>N×8字节 |
|---|---|---|---|---|---|---|

BIP覆盖区域　　　　　　　　　　下一个BIP覆盖区域

图 6.19　下行物理控制块结构

（2）Ident 域

4 字节的 Ident 域用于指示更大的帧结构。最高的 1 比特用于指示下行 FEC 状态，低 30 位比特为复帧计数器。

（3）PLOAMd 域

携带下行 PLOAM 消息，用于完成 ONU 激活、OMCC 建立、加密配置、密钥管理和告警通知等 PON TC 层管理功能。详细的各个 PLOAM 消息介绍本节不涉及。

（4）BIP 域

BIP 域长 8 比特，携带的比特间插奇偶校验信息覆盖了所有传输字节，但不包括 FEC 校验位（如果有）。在完成 FEC 纠错后（如果支持），接收端应计算前一个 BIP 域之后所有接收到字节的比特间插奇偶校验值，但不应覆盖 FEC 校验位（如果有），并与接收到的 BIP 值进行比较，从而测量链路上的差错数量。

（5）下行净荷长度（Plend）域

下行净荷长度域指定了带宽映射（Bwmap）的长度，结构如图 6.20 所示。为了保证健壮性，Plend 域传送两次。

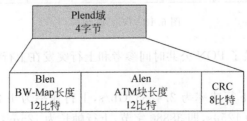

图 6.20　Plend 域结构

带宽映射长度（Blen）由 Plend 域的前 12 比特指定，因此在 $125\mu s$ 时间周期内最多能够分配 4095 个带宽授权。BWmap 的长度为 $8 \times$ Blen 字节。

Plend 域中紧跟 Blen 的 12 比特用于指定 ATM 块的长度（Alen），本节只介绍 GEM 模式进行数据传输的方法，ATM 模式不涉及，Alen 域应置为全 0。

（6）BWmap 域

带宽映射（BWmap）是 8 字节分配结构的向量数组。数组中的每个条目代表分配给某个特定 T-CONT 的带宽。映射表中条目的数量由 Plend 域指定，每个条目的格式如图 6.21 所示。

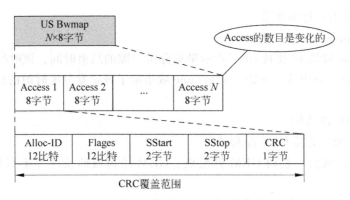

图 6.21　Bwmap 域示意图

（7）Alloc-ID 域

Alloc-ID 域为 12 比特，用于指示带宽分配的接收者，即特定的 T-CONT 或 ONU 的上行 OMCC 通道。这 12 个比特无固定结构，但必须遵循一定规则。首先，Alloc-ID 值 0～253 用于直接标识 ONU。在测距过程中，ONU 的第一个 Alloc-ID 应在该范围内分配。ONU 的第一个 Alloc-ID 是默认值，等于 ONU-ID（ONU-ID 在 PLOAM 消息中使用），用于承载 PLOAM 和 OMCI，可选用于承载用户数据流。如果 ONU 需要更多的 Alloc-ID 值，则将会从 255 以上的 ID 值中分配。Alloc-ID=254 是 ONU 激活阶段使用 Alloc-ID，用于发现未知的 ONU，Alloc-ID=255 是未分配的 Alloc-ID，用于指示没有 T-CONT 能使用相关分配结构。

（8）Flags 域

Flags 域为 12 比特，包含 4 个独立的与上行传输功能相关的指示符，用于指示上行突发的部分功能结构。

| Bit11 | 10 | 9 | 8 | 7 | 6 | 5 | 4 | 3 | 2 | 1 | Bit0 |
|---|---|---|---|---|---|---|---|---|---|---|---|

- Bit11（MSB）：发送功率等级序号（PLSu）。
- Bit10：指示上行突发是否携带 PLOAMu 域。
- Bit9：指示上行突发是否使用 FEC 功能。
- Bit8Bit7：指示上行突发如何发送 DBRu。

 00：不发送 DBRu

 01：发送"模式 0"DBRu（2 字节）

 10：发送"模式 1"DBRu（3 字节）

 11：发送"模式 2"DBRu（5 字节）

- Bit6-0：预留

（9）StartTime 域

StartTime 域长 16 比特，用于指示带宽分配时隙的开始时间。该时间以字节为单位，在上行 GTC 帧中从 0 开始，并且限制上行帧的大小不超过 65536 字节，可满足

2.488Gb/s 的上行速率要求。

（10）StopTime 域

StopTime 域长 16 比特，用于指示带宽分配时隙的结束时间。该时间以字节为单位，在上行 GTC 帧中从 0 开始。StopTime 域指示了该带宽分配时隙的最后一个有效数据字节。

（11）GTC 净荷域

BWmap 域之后是 GTC 净荷域。

GTC 净荷域由一系列 GEM 帧组成。GEM 净荷域的长度等于 GTC 帧长减去 PCBd 长度。

ONU 根据 GEM 帧头中携带的 12 比特 Port-ID 值过滤下行 GEM 帧。ONU 经过配置后可识别出属于自己的 Port-ID，只接收属于自己的 GEM 帧并将其送到 GEM 客户端处理进程作进一步处理。

**注意**：可把 Port-ID 配置为从属于 PON 中的多个 ONU，并利用该 Port-ID 来传递组播流。GEM 方式下应使用唯一一个 Port-ID 传递组播业务，可选支持使用多个 Port-ID 来传递。ONU 支持组播的方式由 OLT 通过 OMCI 接口发现和识别。

**2. GTC 上行成帧分析**

（1）上行帧结构开销

上行突发 GTC 帧结构如图 6.22 所示，每个上行传输突发由上行物理层开销（PLOu）以及与 Alloc-ID 对应的一个或多个带宽分配时隙组成。下行帧中的 BWmap 信息指示了传输突发在帧中的位置范围以及带宽分配时隙在突发中的位置。每个分配时隙由下行帧中 BWmap 特定的带宽分配结构控制。

图 6.22　上行帧结构

（2）上行物理层开销（PLOu）

上行物理层开销如图 6.23 所示，PLOu 字节在 StartTime 指针指示的时间点之前发送。

Preamble、Delimiter：前导字段、帧定界符根据 OLT 发送的 Upstream_Overhead 消息和 Extended_Burst_Length 消息指示生成。

BIP：该字段对前后两帧 BIP 字段之间的所有字节（不包括前导和定界）做奇偶校验，用于误码监测。

ONU-ID：该字段唯一指示当前发送上行数据的 ONU-ID，ONU-ID 在测距过程中配给 ONU。OLT 通过比较 ONU-ID 域值和带宽分配记录来确认当前发送的

图 6.23 上行物理层开销(PLQu)域

ONU 是否正确。

Ind：该域向 OLT 报告 ONU 的实时数据状态,各比特位功能如表 6.3 所示。

表 6.3 Ind 比特功能

| 比特位 | 功 能 |
|---|---|
| 7（MSB） | 紧急的 PLOAM 等待发送(1=PLOAM 等待发送,0=无 PLOAM 等待) |
| 6 | FEC 状态(1=FEC 打开,0=FEC 关闭) |
| 5 | RDI 状态(1=错误,0=正确) |
| 4 | 预留,不使用 |
| 3 | 预留,不使用 |
| 2 | 预留,不使用 |
| 1 | 预留,不使用 |
| 0（LSB） | 预留给将来使用 |

（3）物理层 OAM(PLOAM)

物理层 OAM(PLOAM)消息通道用于 OLT 和 ONU 之间承载 OAM 功能的消息,消息长度固定为 13 个字节,下行方向由 OLT 发送至 ONU,上行方向由 ONU 发送至 OLT。用于支持 PON TC 层管理功能,包括 ONU 激活、OMCC 建立、加密配置、密钥管理和告警通知等。PLOAM 消息仅在默认的 Alloc-ID 的分配时隙中传输。

（4）DBA 域

根据带宽分配结构要求的 DBA 报告模式不同,DBA 域预留 8 比特、16 比特或 32 比特的域。必须注意的是,为了维护定界,即使 OLT 要求的 DBA 模式已经被废除或者 ONU 不支持该 DBA 模式,ONU 也必须发送长度正确的 DBA 域。

（5）CRC 域

用于完成对 DBRu 域的 CRC 校验。

（6）GTC 净荷域

GTC 数据净荷,可以是数据 GEM 帧,也可以是 DBA 状态报告。净荷长度等于分配时隙长度减去开销长度。

GEM 帧：由符合 GEM 格式的数据帧构成,如图 6.24 所示。

DBA 报告：包含来自 ONU 固定长度的 DBA 报告,用于 ONU 的带宽申请和报告,如图 6.25 所示。

143

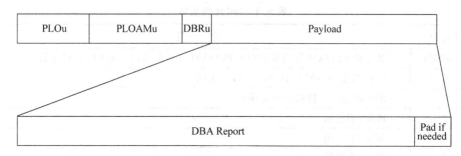

图 6.24　GEM 方式数据帧构成

## 6.5.2　OLT 与 ONU 的定时关系

本节只介绍 ONU 处于 O5 状态的上下行帧交互过程中,OLT 与 ONU 的定时关系,下面提供几个定义。

下行帧的开始时间是指发送/接收 PSync 域第 1 个字节的时刻。

上行 GTC 帧的开始时间是指值为 0 的 StartTime 指针所指示的字节发送/接收(实际或计算)的时刻。

上行发送时间是指带宽分配结构中 StartTime 参数指示的字节发送/接收的时刻。对于非相邻结构的上行发送,StartTime 参数指示的发送字节紧跟上行突发的 PLOu 域。特殊的,序列号响应时间定义为发送/接收 Serial_Number_ONU 消息第 1 个字节的时刻。

所有的上行发送事件都以承载 BWmap 的下行帧开始时间为参考点,BWmap 中包含了相应的带宽分配结构。需要特别注意的,ONU 发送事件不以接收相应带宽分配结构的时间为参考点,因为下行帧中带宽分配结构的接收时间可能会发生变化。

ONU 在任何时刻都维护一个始终运行的上行 GTC 帧时钟,上行 GTC 帧时钟同步于下行 GTC 帧时钟,二者之间保持精确的时钟偏移。时钟偏移量为 ONU 响应时间和必要延时的总和,如图 6.26 所示。

ONU 响应时间是一个全局参数,它的取值应保证 ONU 有充分时间接收包括上

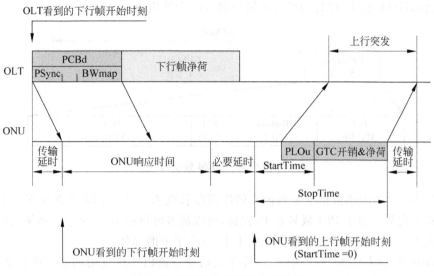

图 6.26　ONU 上行发送定时示意

行 BWmap 在内的下行帧、完成上行和下行 FEC(如果需要)并准备上行响应。ONU
响应时间值为 $35\pm1\mu s$。

名词"必要延时(requisite delay)"是指要求 ONU 应用到上行发送的超过正常响
应时间的总的额外延时。必要延时的目的是为了补偿 ONU 的传输延时抖动和处理
延时抖动。ONU 的必要延时值基于 OLT 规定的均衡延时参数,在 ONU 的不同状态
下会发生变化。

### 1. GEM 帧到 GTC 净荷的映射

GTC 协议以透明方式承载 GEM 流。GEM 协议有两个功能:一是为用户数据帧
定界,二是为复用提供端口标识。

GEM 帧到 GTC 净荷的映射示意如图 6.27 所示。

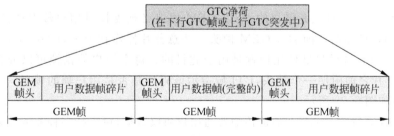

图 6.27　GEM 到 GTC 净荷的映射

### 2. GEM 帧格式

GEM 帧头格式如图 6.28 所示。GEM 帧头由净荷长度指示(PLI)、Port-ID、净荷

类型指示(PTI)和 13 比特的帧头差错控制(HEC)域组成。

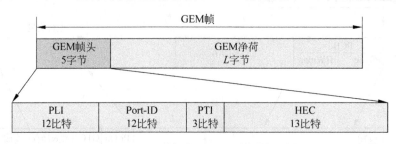

图 6.28  GEM 帧结构

PLI 以字节为单位指示紧跟帧头的净荷段长度 $L$。通过 PLI 可查找下一个帧头从而提供定界。由于 PLI 域只有 12 比特,所以最多可指示 4095 字节。如果用户数据帧长大于 4095 字节,则必须要拆分成小于 4095 字节的碎片。

Port-ID 用来标识 PON 中 4096 个不同的业务流以实现复用功能。每个 Port-ID 包含一个用户传送流。在一个 Alloc-ID 或 T-CONT 中可以传输 1 个或多个 Port-ID。PTI 编码含义如表 6.4 所示。

表 6.4  PTI 编码含义

| PTI 编码 | 含　义 |
| --- | --- |
| 000 | 用户数据碎片,不是帧尾 |
| 001 | 用户数据段,是帧尾 |
| 010 | 预留 |
| 011 | 预留 |
| 100 | GEM OAM,不是帧尾 |
| 101 | GEM OAM,是帧尾 |
| 110 | 预留 |
| 111 | 预留 |

因为用户数据帧长是随机的,所以 GEM 协议必须支持对用户数据帧进行分片,并在每个 GTC 净荷域前插入 GEM 帧头。注意分片操作在上下行方向都可能发生。GEM 帧头中 PTI 的最低位比特就是用于此目的。每个用户数据帧可以分为多个碎片,每个碎片之前附加一个帧头,PTI 域指示该碎片是否是用户帧的帧尾。一些 PTI 使用示例如图 6.29 所示。

GPON 系统通过 GEM 通道传输普通用户协议数据,可支持多种业务接入。下面介绍几种常用的用户业务到 GEM 帧的映射。

(1) 以太网帧到 GEM 帧的映射

以太网帧直接封装在 GEM 帧净荷中进行承载。在进行 GEM 封装前,前导码和 SFD 字节被丢弃。每个以太网帧可能被映射到一个单独的 GEM 帧或多个 GEM 帧中,如果一个以太网帧被封装到多个 GEM 帧中,则应进行数据分片。一个 GEM 帧只

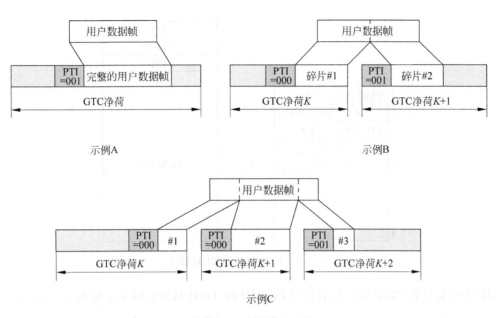

图 6.29 PTI 使用示例

应承载一个以太网帧。图 6.30 指示了由以太网帧映射到 GEM 帧的对应关系。

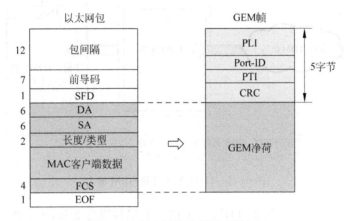

图 6.30 以太网帧映射到 GEM 上

（2）IP 包到 GEM 帧的映射

IP 包可直接封装到 GEM 帧净荷中进行承载。每个 IP 包（或 IP 包片段）应映射到一个单独的 GEM 帧中或多个 GEM 帧中，如果一个 IP 包被封装到多个 GEM 帧中，则应进行数据分片。一个 GEM 帧只应承载一个 IP 包的情况如图 6.31 所示。

（3）TDM 帧到 GEM 帧的映射

GEM 承载 TDM 业务的实现方式有多种：TDM 数据可直接封装到 GEM 帧中传送，或者先封装到以太网包中再封装到 GEM 帧中传送等多种方式。

TDM 数据封装到 GEM 帧的方式如图 6.32 所示。该机制是利用可变长度的

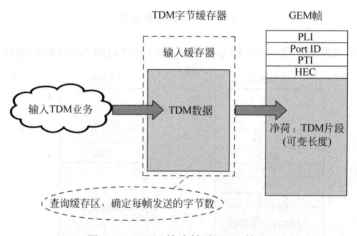

图 6.31 IP 包映射到 GEM 帧上

GEM 帧来封装 TDM 帧。具有相同 Port-ID 的 TDM 数据分组会汇聚到 TC 层之上。

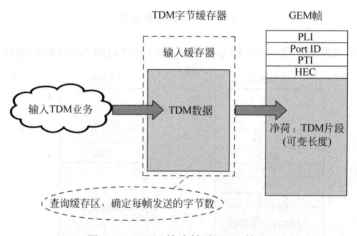

图 6.32 TDM 帧映射到 GEM 帧上

通过允许 GEM 帧长根据 TDM 业务的频率偏移进行变化，可实现 TDM 业务到 GEM 帧的映射。TDM 片段的长度由净荷长度指示符(PLI)字段指示。

TDM 源适配进程应在输入缓存中对输入数据进行排队，每当有帧到达(即每 125μs)GEM 帧复用实体将记录当前 GEM 帧中准备发送的字节数量。一般情况下，PLI 字段根据 TDM 标称速率指示一个固定字节数，但经常需要多传送或少传送一些字节，这种情况将在 PLI 域中反映出来。

如果输出信号频率比输入信号频率高，则输入缓存器开始清空，缓冲器中的数据量最终会降到低门限以下。此时将从输入缓存器中少读取一些字节，缓冲器中的数据量将上升至低门限以上。相反的，如果输出频率比输入信号频率低，则输入缓存器开始填满，缓冲器中的数据量最终会上升到高门限以上。此时将从输入缓存器多读取一些字节,缓冲器中的数据量将降至高门限以下。

## 6.5.3 GTC 成帧技术在 GPON 系统中的应用

GPON 成帧技术在 GPON 系统中的应用主要体现在 GPON 局端设备与终端设备的数据交互过程,下面就结合用户数据在 GPON 系统中的传输过程来介绍 GTC 成帧技术的实现。

GPON 系统用户业务处理过程如图 6.33 所示,上行方向,语音信号输入 ONU 后经过 AD 转换封装成以太网包后被封装在 GEM 帧中,其 GEM port-id 为 6,以太网业务直接封装在 GEM 帧中,其 port-id 为 4,ONU 在 OLT 分配的上行 T-CONT 时隙内将携带 GEM4、GEM6 的 T-CONT 传递给 OLT,OLT PON 芯片将上行 GTC 净荷中的 GEM4、GEM6 分别传递给 GEM 客户端进行处理,GEM 客户端在 TM 功能模块中对 GEM 帧进行解封装,解出以太网包,并记录这类以太网包与 GEM PORT 的对应关系,解出的以太网包通过主交换芯片传输给上联接口板进行上联汇聚。下行方向,上联板过来的数据通过主交换芯片传输给 GPON 板 TM 模块,TM 模块通过记录的 GEM PORT 与以太网包的对应关系确定相应 GEM PORT,并将以太网包封装成 GEM 帧,组成下行 GTC 净荷,由下行帧传输至 ONU,ONU 根据 GEM PORT 解封装成以太网包,根据对应关系传递到相应端口输出。

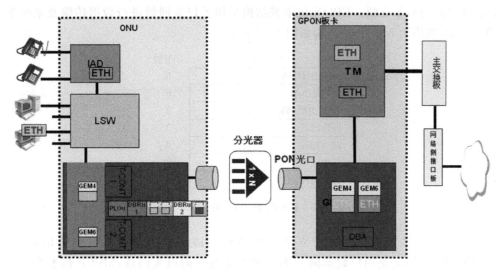

图 6.33 GPON 系统业务流处理过程

当前使用较多的为基于 VLAN 进行 GEM PORT 绑定,图 6.34 显示了各种业务在接入 ONU 后的详细处理过程,首先用户业务进入 ONU 时在端口处进行 VLAN 处理(添加 VLAN),建议不同的业务分配不同的 VLAN,添加 VLAN 的数据流根据 VLAN 与 GEM PORT mapping;添加 GEM 帧头,GEM PORT 为 mapping 中对应的 port,GMAC 将 GEM 帧组织成上行 GTC 净荷,在 OLT 分配的上行 T-CONT 时隙内将与其绑定的 GEM 帧传递给 OLT。相应的，OMCI 报文通过封装在特定 GEM PORT 的 GEM 帧中传递。

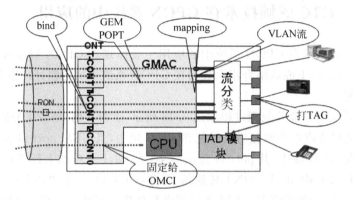

图 6.34 ONU 用户业务处理过程

## 6.5.4 GPON 成帧技术与 EPON 成帧技术的区别

GPON 技术是 ITU-T 定义的一种无源光网络技术标准，EPON 技术是 IEEE 定义的一种无源光网络技术标准。从帧结构来看，GPON 帧进行了独立的定义，其帧结构前文已经进行了介绍。EPON 技术帧结构采用了以太网帧进行数据传输及系统维护，EPON 通用的 MPCP 帧结构如图 6.35 所示。

| 数据域 | 字节数 |
|---|---|
| 目的地址(DA) | 6 |
| 源地址(SA) | 6 |
| 长度/类型=88-08$_{16}$ | 2 |
| 操作码 | 2 |
| 时间标签 | 4 |
| 信息域 | 40 |
| 帧序列校验(FCS) | 4 |

图 6.35 EPON 通用的 MPCP 帧格式

MPCP 作为 EPON 系统建立及维护的核心协议采用了以太网帧的格式，与 GPON 明显不同的是用户数据帧与 MPCP 帧是独立的以太网帧，MPCP 帧不会携带用户数据，EPON 带宽分配依靠 MPCP 中的 GATE 及 REPORT 帧完成，用户数据帧的带宽授时是通过 MPCP 交互完成的。而 GPON 上下行帧除携带用户数据外，还同步进行带宽授时，上行方向通过突发的方式进行数据传输，极大地提高了带宽的利用率。

# 第7章

# 基于EPON的光接入实训指导

## 7.1 EPON 设备总体介绍

### 7.1.1 EPON-MA5680T 产品介绍

SmartAX MA5680T 多业务接入设备是华为技术有限公司推出的 GPON/EPON 一体化接入产品,EPON-MA5680T 系列产品定位主要包括以下 3 个方面。

(1) 可以作为 PON 系统中 OLT(optical line terminal)设备,和终端 ONU(optical network unit)/ONT(optical network terminal)设备配合使用;

(2) 满足 FTTH(fiber to the home)光纤到户、FTTB(fiber to the building)光纤到楼、基站传输、IP 专线互联、批发等组网需求;

(3) 提供高带宽长距离接入,解决大规模光纤接入问题。

EPON-MA5680T 网络地位与应用如图 7.1 所示,其功能包括以下 6 个方面。

**1. 灵活的组网方式**

MA5680T 支持多种组网方式,以满足用户不同环境和业务的组网需求。 MA5680T 支持的组网解决方案如下。

(1) FTTx 光接入解决方案

MA5680T 支持 FTTH 和 FTTB 组网应用,通过光纤到户/楼的方式,满足相对分散的新建高档公寓或别墅建网需求,满足集中的公寓住宅和小企事业单位办公楼建网需求。

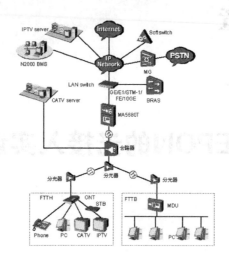

BRAS: broadband remote access server  　　　　STB: set top box
　　CATV: cable TV  　　　　　　　　　　　　MG: media gateway
PSTN: public switched telephone network  　　　ONT: optical network terminal

图 7.1　EPON-MA5680T 在全网解决方案中的应用

（2）Triple play 解决方案

MA5680T 强大的业务处理能力可支持同时向用户提供数据业务和视频业务等多媒体业务，并为这几种业务流提供相应的 QoS 保证。

（3）移动承载组网应用解决方案

MA5680T 支持移动承载组网应用，实现承载层面的固定网络与移动网络的融合，有助于降低投资和运维成本，实现向全 IP 网络的发展。

（4）TDM 专线组网应用解决方案

MA5680T 支持 TDM 专线组网应用，满足企业用户跨城域网专线互连需求。

**2. 强大的 QoS 能力**

（1）MA5680T 具有强大的 QoS 能力，为各种业务管理的开展提供了基础。

（2）数据流、网络管理流采用不同的 VLAN 上行，保证不同类型的流量逻辑隔离。

（3）支持对数据流、网络管理流标记不同的 ToS/DSCP 优先级，以提供基于三层的优先转发机制。

（4）支持对数据流、网络管理流标记不同的 802.1p 优先级，以提供基于二层的优先级转发机制。

（5）支持严格优先级（strict-priority queue，SP）和加权轮循（weighted round robin，WRR）两种队列调度模式。

（6）支持优先级控制（基于端口、MAC 地址、IP 地址和 TCP、UDP 端口号），支持根据报文的 ToS 域和 802.1p 进行优先级映射和修改，支持 DSCP 差分业务。

（7）支持 L2 ～ L7 的流分类（基于端口、VLAN、MAC 地址、IP 地址和 TCP、UDP 端口号）。

（8）支持带宽控制（基于端口、MAC 地址、IP 地址和 TCP、UDP 端口号），控制粒度 64kb/s。

（9）支持基于流规则的包过滤、重定向、流镜像、流量统计、流量整形、带宽控制和优先级标记。

### 3. 强大的 EPON/GPON 一体化接入能力

MA5680T 是一款 EPON/GPON 一体化接入设备，具有强大的 EPON/GPON 接入能力，主要包括：

（1）利用单根光纤提供语音、数据、视频业务，适应电信用户个性化需求。

（2）以以太网为载体，采用点到多点结构、无源光纤传输方式。目前可支持 1.25Gb/s 上下行对称速率、高速宽带，充分满足接入网用户的带宽需求。

（3）下行采用针对不同用户加密广播传输的方式共享带宽，上行利用时分复用 TDM（time division multiplex）共享带宽。

（4）MA5680T 支持动态带宽分配 DBA（dynamic bandwidth allocation）算法，支持 64kb/s 控制粒度，可根据用户需求的变化动态分配 ONT 终端用户带宽，根据运营商需求定制实现 DBA 的算法，在线升级算法。

（5）支持 DBA 门限设置，支持通过 CTC OAM 设置和查询 ONT 各队列集的门限值；支持设置和查询 ONT DBA 最大 8 个队列的门限值。

（6）EPON 系统采用无源光传输技术，光路分离采用 P2MP（point to multiple point）的方式，支持 1∶64 的分光比。

（7）可以实现最大 20km 的接入能力。

（8）测距技术采用定时测距、自动测距、初始测距方式。

### 4. 电信级的可靠性设计

MA5680T 在系统设计、硬件设计和软件设计等各个环节均考虑了系统可靠性指标，充分保证了设备的正常运行。

（1）系统设计

- 遵循电信级产品可靠性指标；
- 提供完善的异常处理功能；
- 具有故障自恢复性；
- 通过 ESD（electrostatic discharge）测试；
- 进行了防雷和防干扰设计；
- 提供了丰富的告警信息，便于及时准确地发现和定位系统运行过程中的问题；
- 支持远程维护功能；
- 元器件归一化选择与控制；

- 对电子设备的元器件进行降额设计,提高使用的可靠性;
- 对于耗损型单元/部件,如风扇、电源、电池等支持故障预警功能。

(2) 软件设计

- 遵循模块化、平台化的设计思想,软件各模块的设计基于松散耦合的机制;
- 采用面向对象、容错、纠错、自动恢复等先进的设计方法;
- 实施 CMM(capability maturity model)管理;
- 支持软件的在线平滑升级。

(3) 散热设计

- 散热系统提供冗余设计,保证单个风扇失效时系统业务正常运行;
- 风扇框可提供光耦隔离的开关量故障告警接口,上报故障信息;
- 主机软件支持风扇转速控制功能。

(4) 电源设计

- 电源系统提供冗余设计,系统支持双路－48V 电源输入,通过电源板供电;
- 电源板具备防护电路,保证单板电源故障时不会导致业务中断;
- 支持输入/输出限流保护;
- 支持监控量信息上报,支持远程控制,提高系统可靠性。

(5) 组网冗余设计

支持 FE/GE 接口的 MSTP(multiple spanning tree protocol)保护和 Trunk 功能。在链路发生故障时,形成新的无冗余路径、可连通的网络。

### 5. 全面的安全保障措施

MA5680T 适应电信业务的安全性要求,对安全性方面的协议进行了深入研究和应用,充分保障了系统安全和用户接入安全。

(1) 系统安全保障措施

- 支持针对系统的 DoS(denial of service)攻击的防御;
- 支持基于 ACL(access control list)的允许/禁止访问控制;
- 支持 MAC 地址过滤功能;
- 支持防御 ICMP/IP 报文攻击功能;
- 支持源地址路由过滤功能;
- 支持 SNMP V3(simple network management protocol version 3)进行系统管理,提供基于 USM(user-based security model)模型的安全机制;
- 支持 SSH V2(secure shell version 2),对登录设备的维护管理人员进行安全认证;
- 支持采用 SFTP(secure file transfer protocol)方式对数据进行安全的加载及备份;
- 支持对维护管理人员的 RADIUS(remote authentication dial in user service)认证功能;

- 支持对维护管理人员的操作权限进行分级管理。

（2）用户安全保障措施

- 支持对用户的二层隔离和受控互访；
- 支持 DHCP option82，增强 DHCP 的安全性；
- 支持 MAC 地址与业务流绑定，支持 IP 地址与端口绑定；
- 支持 PITP(policy information transfer protocol)协议，利用端口物理信息标识用户；
- 支持防御 MAC/IP spoofing 攻击；
- 支持基于 802.1x 协议的用户认证，有效解决有线网应用中的仿冒和计费准确问题；
- 支持 ONU/ONT SN(serial number)/PW(password)/SN+PW 认证。

### 6. 良好的维护管理功能

MA5680T 支持良好的维护管理、监控功能，便于日常管理和故障诊断。

（1）丰富的维护手段

- 本地维护支持基于命令行(command line，CLI)的维护方式；
- 远程维护支持安全的 SSH 命令行、SNMP(simple network management protocol) V3 网管的维护方式，支持带内和带外两种维护通道；
- 支持 SNMP(simple network management protocol)网管，可采用 N2000 BMS 固定网综合网管系统(以下简称 N2000 BMS)；
- 支持基于 IEEE P802.1ag CFM 的 Ethernet OAM(operation，administration and maintenance)功能，提供针对以太网的故障检测和诊断手段，达到降低网络维护成本的目的；
- 支持 EPON OLT 和 EPON ONT 的环回功能，提供针对 EPON 链路的故障检测和诊断手段，达到降低网络维护成本的目的。提供电子标签的加载、备份和查询功能。

（2）终端管理

- 支持 EPON 终端管理功能，可通过 CTC(China telecom)标准进行 ONU/ONT 的管理、ONT 端口 VLAN 的管理以及端口属性的管理；
- 支持 OLT 对 ONU/ONT 的离线配置，在 OLT 端保存配置，并在 ONU/ONT 注册时自动恢复 ONU/ONT 的数据，使业务发放更为简便；
- 支持 OAM ping 功能，通过向 ONT 发送 ping 报文，获取与 ONT 之间链路的状态信息；
- 支持通过 OLT 下发 OAM 消息配置 ONU 的 IP 地址和子网掩码等信息。

（3）丰富的接口

对应的 N2000 BMS 网管系统提供 Telnet、SNMP 等南向接口，充分配套被管理对象，实现丰富的网元管理功能；提供标准 SNMP 和 TL1 北向接口，给 OSS 以及网

155

络层管理系统提供告警、拓扑、业务、存量资源、测试等方面的自动化北向接口,帮助运营商建立统一的网络级监控以及自动化业务支撑平台。

(4) 安全鉴权管理

提供丰富的鉴权管理方式,满足不同的运行维护需求。用户进行操作时,系统先根据授权的设备对用户操作进行限制,然后再根据授权的操作权限对用户操作进行限制,用户登录鉴权通过后,N2000 BMS 将用户无权操作的菜单灰化,将用户未授权的设备屏蔽处理。

## 7.1.2 EPON-MA5680T 硬件结构

### 1. EPON-MA5680T 功能结构

MA5680T 的功能模块包括业务接口模块、以太网交换模块和业务控制模块,如图 7.2 所示。

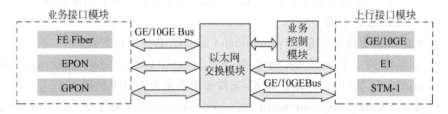

图 7.2 MA5680T 功能结构图

(1) 业务接口模块

业务接口模块由业务板以及相关软件组成包括以下主要功能:

- 实现 PON 接入和汇聚,与主控板配合,实现对 ONU/ONT 的管理;
- 实现点对点的以太网光纤接入,提供高带宽的接入业务。

(2) 以太网交换模块

主控板提供以太网交换模块,完成基于 10GE Bus 架构的以太网汇聚和交换功能。

(3) 业务控制模块

主控板提供业务控制模块,包括以下主要功能:

- 负责系统的控制和业务管理;
- 提供维护串口与网口,方便维护终端和网管客户端登录系统;
- 支持主控板主备倒换功能。

(4) 上行接口模块

上行接口模块提供上行接口上行至上层网络设备:GE 光/电接口、10GE 光接口、E1 接口、STM-1 接口。

**2. EPON-MA5680T 软件结构**

MA5680T 软件由单板软件和主机软件构成,如图 7.3 所示。主机软件由 4 个平面构成:系统支撑平面、系统服务平面、系统管理平面和业务控制平面。

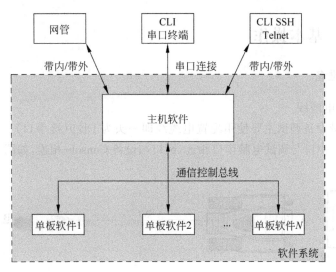

图 7.3　MA5680T 软件结构图

(1) 单板软件

单板软件运行在业务板、接口板及部分电源板上,实现以下功能:包括单板业务管理、数据管理、告警管理、驱动与诊断。

(2) 主机软件

MA5680T 主机软件运行在主控板上,由 4 个平面构成,如图 7.4 所示。

图 7.4　MA5680T 主机软件结构图

对图中的 4 个平面说明如下:

- 系统支撑平面:主要完成硬件系统的驱动;
- 系统服务平面:为软件运行提供最基本运行服务和对系统设备进行管理的平面,系统服务平面的基本功能模块就是操作系统;

- 系统管理平面：主要功能是提供设备和业务管理的手段；
- 业务控制平面：为 IP 业务控制子平面，是设备业务功能提供的核心模块，负责对业务配置命令进行分析和执行，完成设备间的协议互连，对业务请求进行处理并最终提供业务服务。

## 7.1.3　基本操作

### 1. 知识准备

（1）配置电缆线

数通、宽带设备调试主要使用配置电缆线即一头为 DB-9（接串口）一头为 RJ-45（水晶头接网口）。串口与调试电脑串口相连，网口与设备 Console 相连，如图 7.5 所示。

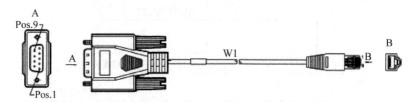

图 7.5　电缆连接示意图

（2）交叉网线与直连网线

当同种设备相连时必须采用交叉网线，不同种设备连接时可用直连网线。如路由器与路由器相连必须用交叉网线，路由器与电脑连接可用直连网线。但由于部分交换机和路由器端口有自动识别作用，无须区别网线类型。

直通网线与交叉网线的结构相同，两端接插件为 RJ-45 水晶头，电缆采用 8 芯 5 类双绞线，如图 7.6 所示，但接线关系不同，直通网线的接线关系如表 7.1 所示，交叉网线的接线关系如表 7.2 所示。

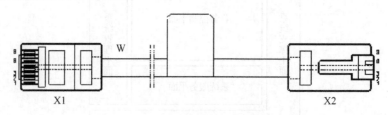

图 7.6　网线连接示意图

表 7.1　直通网线的接线关系

| 插头 X1 | 8 芯 5 类双绞线线芯颜色 | 插头 X2 |
| --- | --- | --- |
| 1 脚 | 白（橙） | 1 脚 |
| 2 脚 | 橙 | 2 脚 |
| 3 脚 | 白（绿） | 3 脚 |

| 插头 X1 | 8 芯 5 类双绞线线芯颜色 | 插头 X2 |
|---|---|---|
| 4 脚 | 蓝 | 4 脚 |
| 5 脚 | 白（蓝） | 5 脚 |
| 6 脚 | 绿 | 6 脚 |
| 7 脚 | 白（棕） | 7 脚 |
| 8 脚 | 棕 | 8 脚 |

**表 7.2　交叉网线的接线关系**

| 插头 X1 | 8 芯 5 类双绞线线芯颜色 | 插头 X2 |
|---|---|---|
| 1 脚 | 白（橙） | 3 脚 |
| 2 脚 | 橙 | 6 脚 |
| 3 脚 | 白（绿） | 1 脚 |
| 4 脚 | 蓝 | 4 脚 |
| 5 脚 | 白（蓝） | 5 脚 |
| 6 脚 | 绿 | 2 脚 |
| 7 脚 | 白（棕） | 7 脚 |
| 8 脚 | 棕 | 8 脚 |

（3）设备配置方法

新设备加电初始化后都需要对设备进行最初的配置（开局），此时选用的方法是通过串口配置维护。经串口与电脑相连后需要软件通过命令行的形式进行配置。通常在没有其他软件支持的条件下，可以选用 Windows 系统自带的超级终端进行配置。配置设备完毕后，通常需配置一个网管 ip，维护人员可以通过 Telnet 对设备进行维护。

（4）VRP 操作系统平台

VRP 是华为公司宽带/数据通信产品的通用网络操作系统平台。每个产品厂商都有各自不同的平台便于对设备进行配置管理，此平台就相当于电脑早期的 DOS 操作系统，通过命令行来进行操作。

**2. EB 登录**

（1）学生在自己计算机的桌面上双击"e-Bridge 软件"图标，输入服务器地址，进入 e-Bridge 登录操作平台，如图 7.7(a)所示；服务器地址是 129.9.0.100，学号和密码与终端号一致；单击【登录】按钮进入客户端主界面，如图 7.7(b)所示，界面中亮色并闪烁的图标说明这个实验平台是可以做实验的，可以单击进入实验，如图 7.7(c)所示。

（2）找到 PON 图标，选择 PON：MA5680T，单击后进入到类似如图 7.7(d)所示的界面。

（3）单击【进入实验】，如图 7.7(e)所示。

（4）单击【确定】，登录进入 MA5680T 的实验界面，界面右边显示了本次实验的相关信息，如图 7.7(f)所示。至此，客户端已启动成功。此时单击【申请席位】就可以

(a) 登录e-Bridge Client System界面

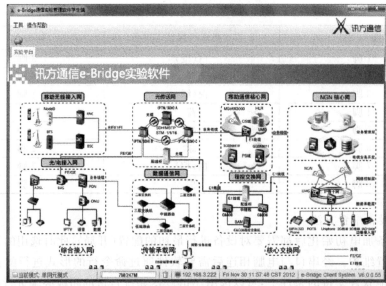

(b) 登录进入软件界面

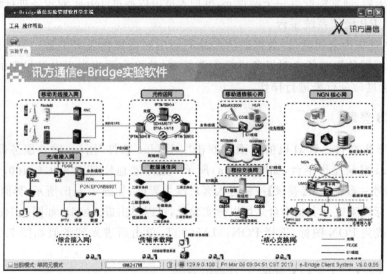

(c) 单击进入实验

图 7.7　e-Bridge 登录平台操作示意图

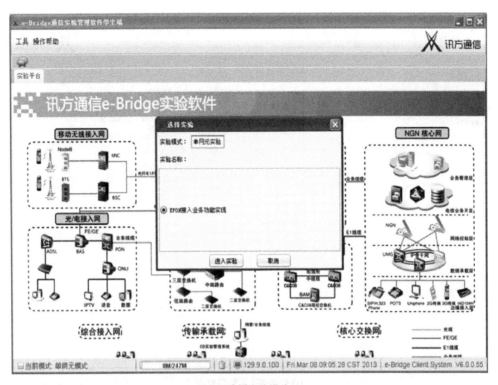

(d) 选择实验模式

(e) 确定进入实验界面

图 7.7 （续）

(f) 登录进入实验后界面

(g) 申请席位成功

图 7.7 （续）

(h) 排队等待界面

(i) 是否结束实验操作界面

图 7.7 （续）

(j) 导入批处理命令脚本

(k) 清空数据恢复初始状态

图 7.7 （续）

进入排队队列,如图 7.7(g)和图 7.7(h)所示。

(5) 如果你是第一个排队的就可以直接开始操作设备,否则需要等队列之前的人都完成实验后才能开始操作,在操作过程中有预置好的操作时间,超时后服务器会主动让你结束操作,也可以主动放弃操作让给后面的排队机器,如图 7.7(i)所示。

(6) 另外,可以在命令输入窗口输入单条命令回车执行,也可以使用导入脚本文件的方式导入文件执行批处理命令,如图 7.7(j)所示。最后,单击清空数据可以把设备恢复到初始数据状态,如图 7.7(k)所示。

可以在 EB 软件或 TELNET 方式或串口方式执行一些命令尝试与设备进行交互,以下是一些常用的命令:

- TELNET 方式或串口方式需要先执行 CONFIG 进入全局模式;
- 查看系统时间,在全局模式下输入命令"display time";
- 显示所有配置信息,在全局模式下输入命令"display current-configuration";
- 显示单板状态,在全局模式下输入命令"display board 0";
- 显示版本信息,在全局模式下输入命令"display version";
- 显示 VLAN 接口相关信息,在全局模式下输入命令"display vlan all";
- 进入设备以太网维护端口,在全局模式下输入命令"interface meth 0";
- 显示 METH 0 接口信息,在全局模式下输入命令"display interface meth 0";
- 进入 EPON 单板,在全局模式下输入命令"interface epon 0/1"。

# 7.2　EPON 管理环境搭建

**1. 实验目的**

了解实验设备语言,管理环境平台搭建,建立带内网管与带外网管,为后期的实验打基础。

**2. 实验器材**

- EPON-MA5680T　1台。
- 实训用维护终端　若干台。

**3. 实验内容说明**

本实验要求:做此实验之前,首先要求教师用 CON 口配置好 EPON-MA5680T 的带外 ETH 维护网口 IP 地址(现已配置为 129.9.0.6/24),配置的 IP 地址和学生使用的维护终端及多人操作平台 e-Bridge 服务器的 IP 地址在同一网段,以便学生能用多人操作平台 e-Bridge 进行对 EPON-MA5680T 进行配置,以及配置带内网管环境(现已配置完成)。

注:Vlan id 范围为 100~106(以 100 为例);ONT 编号范围为 0~63;ONT 业务模

板编号范围为5~10；ONT 线路模板编号范围为5~10；DBA 模板编号范围为10~15。

### 4. 实验步骤

1) EPON-MA5680T 带外网管配置（由教师进行配置，在教师的准许下学生可以直接对设备进行操作）

预先通过 CON 口配置带外网管口（主控板上的 ETH 口 IP）如图 7.8 所示（将维

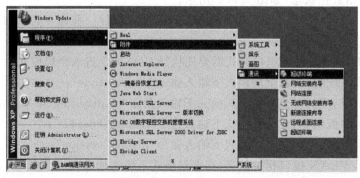

(a) 启动超级终端

(b) 输入名称

(c) 输入待拨电话详情

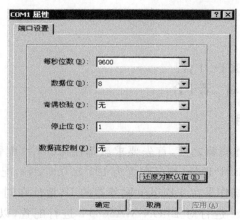

(d) 设置端口属性

图 7.8　配置带外网口示意图

护串口线接 EPON-MA5680T 的 SCUL 板上的 CON 口,启动超级终端连接,配置
EPON-MA5680T 带外网管配置)。

带外网口的 IP 设置:主控板的外网口 IP 地址为 129.9.0.6,子网掩码为
255.255.255.0。

通过超级终端成功登录 EPON-MA5680T,在 EPON-MA5680T 上配置 SCUL 板
上的带外网口地址(默认为 meth 0),如图 7.8(a)～图 7.8(d)所示。

其主要命令及含义如下:

(1) 命令"MA5680T(config)♯interface meth 0"(进入网管 ETH 口)。

(2) MA5680T(config-if-meth0)♯ip address 129.9.0.6 255.255.255.0 (配置网
管 IP 信息,由教师进行操作,现已配置)。

(3) 检查配置状态,用命令"display interface meth 0"。

(4) 确认数据正确,则带外网管配置完成,退出系统,命令"quit"。

2) 建立带外网管的硬件配置环境

(1) 软件数据配置完成后,需要将 EPON-MA5680T 的 ETH 口接入到实验机房
的局域网交换机上(已搭建),就可以实现设备的带外网管业务,学生可以通过 Telnet
及 EB 软件通信平台登录到 EPON-MA5680T 的 ETH 地址 129.9.0.6/24,即可对设
备进行配置管理了。

(2) 在通过 Telnet 登录 EPON-MA5680T 之前,先把 e-Bridge 服务器、学生机、老
师机与 EPON-MA5680T 的带外网口设在同一个网段,即与 IP 地址 129.9.0.6/24 在
同一网段。

(3) 检查网线是否连好,确认连接正确后,单击 PC 的【开始/运行】,在运行里输入
"ping 129.9.0.6"进行通信测试,若能正常通信,则表示可以与 EPON-MA5680T 设
备系统连通及进行通信。

(4) 若采用 EB 通信平台操作维护设备,则需要先由老师启动 e-Bridge 服务器,把
EPON-MA5680T 设置为验证模式。

(5) 在 PC 机的桌面上双击 e-Bridge 图标,输入服务器地址,进入命令操作,具体
操作方法参考之前实验内容。

3) 带内网管的数据配置(该实验前提是带外网管已经配置完成,通过 EB 平台进
行排队操作)

(1) 该方式是通过 EPON-MA5680T 设备的上行口透传维护信息,进而实现设备
的维护管理工作,这种维护管理方式是运营商网络中的主要维护方式,维护的 PC 可
以不受距离的限制。

(2) 需要说明的是,本实验 EPON-MA5680T 带内管理 IP 地址为:192.168.1.100
255.255.255.0,管理 VLAN ID＝100;配置完成后,用客户端通过这个地址也可以
登录 EPON-MA5680T(注意:带内 IP 地址不能与带外 IP 地址设在同一个网段)。

(3) 由于在物理上所有电脑的维护口、EPON 设备的 ETH 口和 EPON 设备的
GIGC 上行口已接在了同一个交换机上,所以电脑是可以同时使用带外网管和带内网

管两种方式对设备进行操作。

EPON 带内网管命令如下：

```
Config                                  //从特权模式进入全局模式
vlan 100 smart                          //创建 VLAN 100
interface vlanif 100                    //创建 VLAN 接口
ip address 192.168.1.100 255.255.255.0  //配置管理 VLAN 的 IP 信息
<cr>
Quit                                    //退出 VLAN 接口
port vlan 100 0/18 0                     //加入上行端口 0 到 VLAN 100 中
interface giu 0/18                      //进入上行接口板
native-vlan 0 vlan 100                  //把上行接口板 0 端口的默认 VLAN 设置为 100
quit                                    //退出上行接口板
```

4）客户端电脑 PC 的配置（以 31 号 PC 为例）

（1）将终端 31 的网口设置与 EPON-MA5680T 的带内网管 IP 地址在同一个网段（这里以 129.9.0.31 为例），如图 7.9 所示。

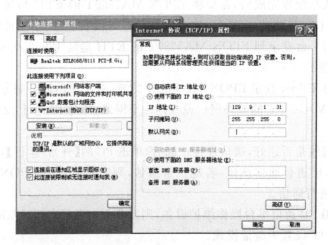

图 7.9　网口配置示意图

（2）在电脑上查看是否能 PING 通 EPON-MA5680T 带内管理 IP 地址，【开始|运行】输入 CMD 确定后，输入 ping 192.168.1.100，结果不返回 TIMEOUT 即代表 Ping 通。Ping 通后，就可以通过带内网管登录设备了，即 telnet 192.168.1.100。

# 7.3　EPON ONT 注册实验

## 1. 实验目的

通过本实训学习，掌握 OLT 设备（EPON-MA5680T）数据配置及规划，掌握 ONT 设备（EPON 终端）注册配置信息，了解 FTTH 网络结构及解决方案。

**2. 实验器材**

- EPON-MA5680T　1台。
- 实训用维护终端　若干台。
- EPON 终端(HG8240)　若干台。
- 配套网线、光纤。

**3. 实验内容说明**

实现 EPON 终端接入,实现 ONT 设备(EPON 终端)成功注册;
建立 EPON 接入硬件环境,调试数据实现 ONT 注册。

**4. 实验步骤**

1) 建立硬件环境

(1) ODF 连接的说明如图 7.10 所示,找到标明有测试的对应终端号桌子,桌子正面下方有一个多功能面板,上面有一对光口,左边的是 R 端,右边的是 T 端,按照连接说明,将 HG8240 配套的光纤,一头与多功能面板 R 端光口相连,另一头与 HG8240 的光口相连,这样即完成 ONT 与 OLT 的硬件环境建立;

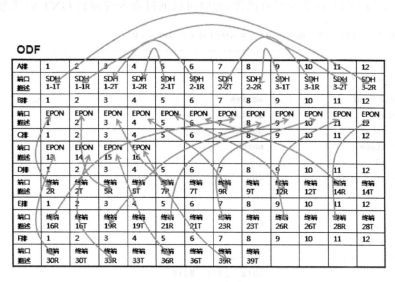

图 7.10　ODF 连接说明图

(2) 在数据做完后才会有发光到 ONT 侧,数据完成后可以用光功率计测量是否光正常连接到多功能面板,光功率计注意要调整到对应测量 PON 的波长位置;

(3) 光正常后可以参照前面章节的 PON 灯和 LOS 灯状态简单确定 ONT 是否正常完成注册。

EPON 数据配置如下,可以采用 EB 或 TELNET 方式进行数据配置,具体操作方法听从教师的安排。

EPON ONT 注册命令如下:

```
Config                              //从特权模式进入全局模式
ont - srvprofile epon profile - id 1   //增加 ONT 业务模板,模板 ID 号是 1
< cr >
ont - port pots 2 eth 4            //该模板的 ONT 有 4 个 ETH 口 2 个 POTS 口
commit                             //确定模板内容
quit                               //退出模板
ont - lineprofile epon profile - id 1  //增加 ONT 线路模板,模板 ID 号是 1
< cr >
quit                               //退出模板 VLAN 100 smart
interface epon 0/1                 //进入 0 框 1 槽 EPON 单板
port 0 ont - auto - find enable    //打开 0 号 EPON 口的 ONT 自动发现功能,此时只
//要光纤连接正常,ONT 上电正常,ONT 会自动上报被发现,可以看到 MAC 地址
ont add 0 0 mac - auth XXXX - XXXX - XXXX oam ont - lineprofile - id 1 ont - srvprofile - id 1
   //增加 0 号 EPON 口的 0 号 ONT,采用 MAC 地址认证,MAC 地址 XXXX - XXXX - XXXX 可以从
//HG8240 的背面看到,也可以通过自动发现上报,ONT 由 OLT 下发配置,采用 1 号线路模板和 1
//号业务模板
< cr >
quit
```

以上完成 ONT 注册的所有操作,此时可以通过命令查询到 ONT 的状态。

```
MA5680T(config - if - epon - 0/1)#display ont info 0 0
-----------------------------------------------------------------
F/S/P                    : 0/1/0
ONT - ID                 : 0
Control flag             : active
Run state                : online
Config state             : normal
Match state              : match
ONT LLID                 : 1
ONT distance(m)          : 49
ONT RTT(TQ)              : 104
Memory occupation        : 86 %
CPU occupation           : 9 %
Temperature              : -
Authentic type           : MAC - auth
MAC                      : 101B - 5471 - 831F
Management mode          : OAM
Software work mode       : normal
Multicast mode           : IGMP - Snooping
Description              : ONT_NO_DESCRIPTION
Last down cause          : -
Last up time             : 2013 - 03 - 02 12:56:22 + 08:00
Last down time           : -
Last dying gasp time     : -
ONT online duration      : 0hour 0minute 13second
```

```
Type - D Support          : Not support
Isolation state           : normal
------------------------------------------------------------------
Line profile ID           : 1
Line profile name         : line - profile_1
------------------------------------------------------------------
Notes: * indicates configer by the discrete command
------------------------------------------------------------------
FEC switch                : Disable
Encrypt type              : off
DBA Profile - ID          : 9
Traffic - table - index   : 6
Dba - threshold           :
------------------------------------------------------------------
   Queue - set - index     Q1  Q2  Q3  Q4  Q5  Q6  Q7  Q8
------------------------------------------------------------------
   1                       -   -   -   -
   2                       -   -   -   -   -   -
   3                       -   -   -   -   -   -   -
------------------------------------------------------------------
Service profile ID        : 1
Service profile name      : srv - profile_1
------------------------------------------------------------------
Port - type   Port - number
------------------------------------------------------------------
POTS          2
ETH           4
TDM           0
------------------------------------------------------------------
TDM port type             : E1
Multicast fast leave switch: Unconcern
Ring check switch         : Unconcern
------------------------------------------------------------------
Port Port Up - traffic Down - traffic MAC - learn Class
Type  ID   CAR - ID     CAR - ID       count      profile - ID
------------------------------------------------------------------
ETH   1    Unconcern    Unconcern      Unlimited   -
ETH   2    Unconcern    Unconcern      Unlimited   -
ETH   3    Unconcern    Unconcern      Unlimited   -
ETH   4    Unconcern    Unconcern      Unlimited   -
------------------------------------------------------------------
Notes: * indicates the discretely configured traffic profile
------------------------------------------------------------------
Port Port - ID Multicast - S - VLAN Multicast - C - VLAN Multicast   Multicast
Type                                                 tag - strip   group - num
------------------------------------------------------------------
ETH   1    -                -                         Tag          Unlimited
ETH   2    -                -                         Tag          Unlimited
```

171

```
ETH      3       -               -               Tag       Unlimited
ETH      4       -               -               Tag       Unlimited
-------------------------------------------------------------------------------
Port - Type Port - ID Service - type Index S - VLAN C - VLAN
-------------------------------------------------------------------------------
ETH          1          -        -        -        -
ETH          2          -        -        -        -
ETH          3          -        -        -        -
ETH          4          -        -        -        -
-------------------------------------------------------------------------------
```

注意,ONT 的状态必须是 active 激活、online 上线、normal 正常、match 匹配才行。

# 7.4  EPON 数据业务实验

### 1. 实验目的

通过本实训学习,掌握 OLT 设备(EPON-MA5680T)数据配置及规划,掌握 ONT 设备(EPON 终端)注册配置信息,了解 FTTH 网络结构及解决方案。让学生了解 EPON 设备数据业务的数据设定方法。

### 2. 实验器材

- EPON-MA5680T  1 台。
- 实训用维护终端  若干台。
- EPON 终端(HG8240)  若干台。
- BRAS 设备  1 台(已可以访问 INTERNET 网)。

### 3. 实验内容说明

宽带接入服务器(broadband remote access server,BRAS)是面向宽带网络应用的新型接入网关,它位于骨干网的边缘层,可以完成用户带宽的 IP/ATM 网的数据接入(目前接入手段主要基于 xDSL/Cable Modem/高速以太网技术(LAN)/无线宽带数据接入(WLAN)等),实现商业楼宇及小区住户的宽带上网、基于 IPSec(IP security protocol)的 IP VPN 服务、构建企业内部 Intranet、支持 ISP 向用户批发业务等应用。

本次实验需要完成的内容包括:

(1)实现 ONT 设备(EPON 终端)成功注册,并实现 ONT 下挂电脑终端实现上网功能。

(2)建立 EPON 接入硬件环境,调试数据实现 ONT 注册,调试数据实现 ONT 电脑与 BRAS 正常通信。

**4. 实验步骤**

1) 建立硬件环境

(1) 按照 ODF 连接说明,找到标明有测试的对应终端号桌子,桌子正面下方有一个多功能面板,上面有一对光口,左边的是 R 端,右边的是 T 端,按照连接说明,将 HG8240 配套的光纤,一头与多功能面板 R 端光口相连,另一头与 HG8240 的光口相连,这样即完成 ONT 与 OLT 的硬件环境建立。

(2) 在数据做完后才会有发光到 ONT 侧,数据完成后可以用光功率计测量是否光正常连接到多功能面板,注意光功率计要调整到对应测量 PON 的波长位置。

(3) 光正常后可以参照前面章节的 PON 灯和 LOS 灯状态简单确定 ONT 是否正常完成注册。

(4) 将 EPON 的 GIGC 上行口与 BRAS 的内网口连接(已通过交换机连接);将 BRAS 的外网口与互联网连接(已连接到教室的校园网口)。

(5) 上网的测试终端的网口与 HG8240 的 LAN1 口用网线连好。

2) EPON 数据配置

可以采用 EB 或 TELNET 方式进行数据配置,具体操作方法听从老师的安排。

**EPON 数据业务命令如下:**

```
Config                                  //从特权模式进入全局模式
ont-srvprofile epon profile-id 1        //增加 ONT 业务模板,模板 ID 号是 1
<cr>
ont-port pots 2 eth 4                   //该模板的 ONT 有 4 个 ETH 口 2 个 POTS 口
commit                                  //确定模板内容
quit                                    //退出模板
ont-lineprofile epon profile-id 1       //增加 ONT 线路模板,模板 ID 号是 1
<cr>
quit                                    //退出模板 VLAN 100 smart
interface epon 0/1                      //进入 0 框 1 槽 EPON 单板
port 0 ont-auto-find enable             //打开 0 号 EPON 口的 ONT 自动发现功能,此时只
//要光纤连接正常,ONT 上电正常,ONT 会自动上报被发现,可以看到 MAC 地址
ont add 0 0 mac-auth XXXX-XXXX-XXXX oam ont-lineprofile-id 1 ont-srvprofile-id 1
    //增加 0 号 EPON 口的 0 号 ONT,采用 MAC 地址认证,MAC 地址 XXXX-XXXX-XXXX 可以从
HG8240 的背面看到、也可以通过自动发现上报,ONT 由 OLT 下发配置,采用 1 号线路模板和 1 号
//业务模板
<cr>
ont port vlan 0 0 eth 1 100            //设置该 ONT 的第一个网口的 VLAN 是 100
ont port native-vlan 0 0 eth 1 vlan 100 //设置该 ONT 的第一个网口的默认 VLAN 是 100
Quit                                    //退出 EPON 板
vlan 10 smart                           //增加一个业务 VLAN
port vlan 10 0/18 0                     //加入上行端口 0 到 VLAN 10 中
interface giu 0/18                      //进入上行接口板
native-vlan 0 vlan 10                   //把上行接口板 0 端口的默认 VLAN 设置为 10
quit                                    //退出上行接口板
service-port 0 vlan 10 epon 0/1/0 ont 0 multi-service user-vlan 100    //在 VLAN10 中
```

//增加一个业务虚端口,0号虚端口,将0号EPON口的0号ONT的VLAN为100的用户接入到这
//个虚端口中

3）业务验证

业务验证有3种方式：

（1）电脑不设置IP地址,此时可以自动获取到IP地址,并正常上网；

（2）电脑设置任意IP地址,此时可以通过桌面的宽带拨号获得IP地址并正常上
网,宽带拨号的账号密码均为aaa；

（3）电脑设置IP地址段为129.9.100.X,掩码为255.255.0.0,网关为129.9.0.8,
DNS自动获取,此时也可以正常上网。

# 7.5 BRAS 的配置

## 1. 实验目的

通过本实训学习,了解BRAS的设置方法,理解BRAS在OLT设备上网业务中
的作用。

## 2. 实验器材

- EPON-MA5680T 1台。
- 实训用维护终端 若干。
- EPON终端(HG8240) 若干台。
- BRAS设备 1台(已可以访问Internet网)。

## 3. 实验内容说明

动态主机设置协议(dynamic host configuration protocol,DHCP)是一个局域网
的网络协议,使用UDP协议工作,主要有两个用途：给内部网络或网络服务供应商自
动分配IP地址,是用户或者内部网络管理员作为对所有计算机作中央管理的手段。

DNS是计算机域名系统(domain name system或domain name service)的缩写,
它是由解析器以及域名服务器组成的。域名服务器是指保存有该网络中所有主机的
域名和对应IP地址,并具有将域名转换为IP地址功能的服务器。

pppoe是point-to-point protocol over ethernet的简称,可以使以太网的主机通过
一个简单的桥接设备连到一个远端的接入集中器上。通过pppoe协议,远端接入设备
能够实现对每个接入用户的控制和计费。

先完成EPON数据业务的配置,再进行本实验,方便进行测试理解,建议该实验
主要由教师操作讲解,学生观摩。

**4. 实验步骤**

BAS 路由器的配置如图 7.11(a)~图 7.11(c)所示,(1)到(4)部分操作由教师操作,其他部分可以由学生自行操作,现已配置完成

(a) 配置BAS路由器

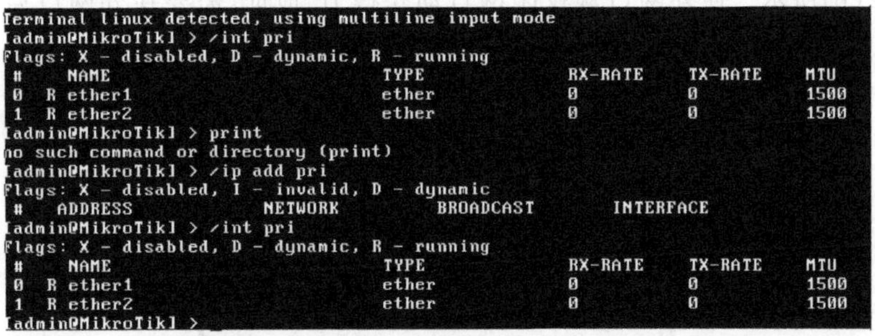

(b) 检查网卡

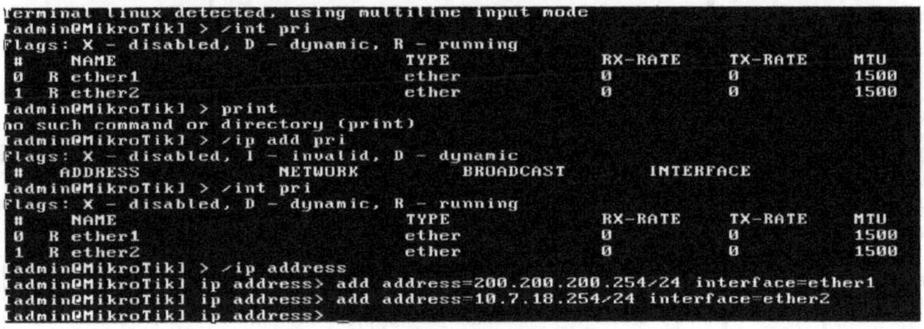

(c) 配置网卡IP地址

图 7.11 BAS 路由器的配置示意图

(1) 先在 BAS 设备上接好显示器以及键盘,然后将 BAS 设备进行上电。

(2) BAS 设备启动后可以看到登录的界面,默认的账号为:admin,密码为空。

(3) 检查网卡,命令:/int pri,如果出现 ether2 和 ether3 表示两块网卡正常。

(4) 配置网卡 IP 地址:命令:/ip address

add address = 129.9.0.8/24 interface = ether3 ------------ 内网 IP 地址

add address = 59.71.5.13/24 interface = ether2 ----------- 任意地址

注：

如果要修改 IP 地址,使用 set 命令,如：

- set 0 address＝200.200.200.253/24------------0 表示第几块网卡。

如果要移除 IP 地址,使用 remove 命令,如：

- remove 0------------0 表示第几块网卡。

上述操作完成后即可在终端维护 PC 上单击 BAS 配置程序,进行 BAS 数据的配置操作。

(5) 将客户端计算机的 IP 地址修改成与 BAS 认证服务器下行口同一网段地址(默认地址已经是),此时终端的网线应该接入到实验室局域网交换机上,以便可以维护 BAS,将启动程序进行 BAS 设备的 IP 地址检测,检测到 IP 地址后单击 CONNECT,如果通信正常会有一个配置界面可以开始进行数据配置,如图 7.12(a)所示。可以通过 IP→ADDRESS 看到配置好的 IP 地址,并可以在这个界面修改地址,如图 7.12(b)所示。使外网口从校园网自动获得 IP 地址,需要在外网口启用 DHCP 客户端程序,单击 IP→DHCP Client,如图 7.12(c)和图 7.12(d)所示。

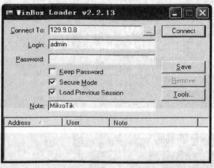

(a) 连接到129.9.0.8

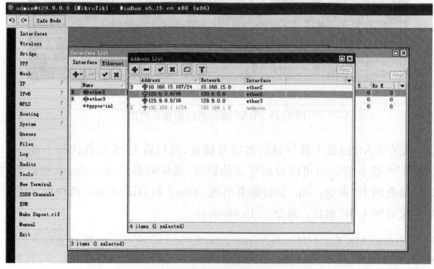

(b) IP地址配置

图 7.12　BAS 数据配置示意图

(c) 启用DHCP

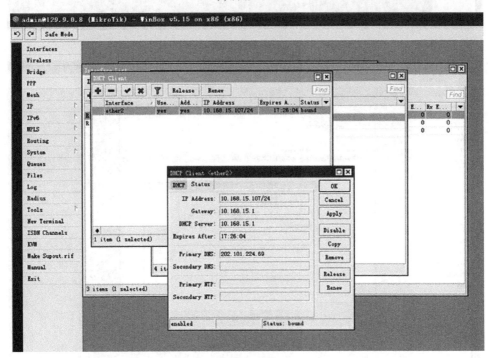

(d) 设置DHCP参数

图 7.12 （续）

（6）建立 IP 地址池，提供内网客户端上网 IP 地址，如图 7.13 所示。首先单击 IP→Pool，如图 7.13(a)所示。然后单击添加键，配置 IP 池，设置池的名称、地址、新的池，单击 OK（地址池 IP 配成和认证服务器内网 IP 在同一网段），如图 7.13(b)所示。

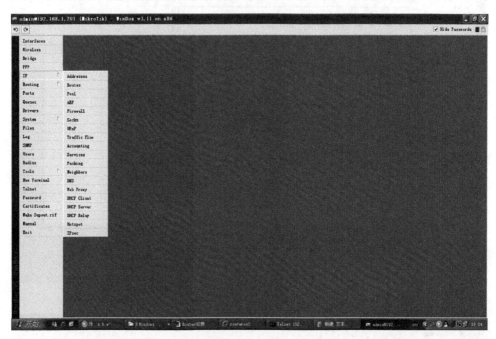

(a) 启动IP Pool

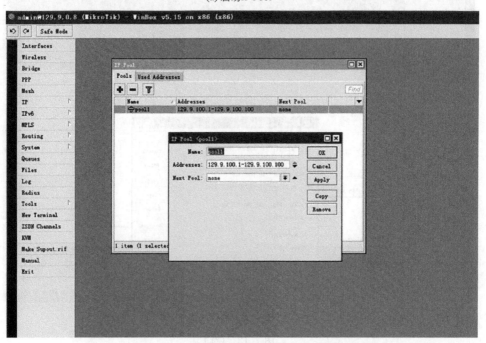

(b) 配置IP地址池参数

图 7.13　建立 IP 地址池相关配置

（7）配置 PPPOE 认证服务器

① 单击客户端连接，进入操作页面，开始配置 PPPOE 服务器和 DHCP 服务器。

② 单击左侧 PPP→单击 Interface→单击【添加】键增加 PPPOE Server，如图 7.14(a)所示。

③ 单击 PPP→Profiles→【新增】→输入 Name，本地地址输入路由器下行口的 IP地址 129.9.0.8，地址池选择前面定义好的地址池，设置 DNS 地址可用的 DNS 地址，单击 OK 按钮，如图 7.14(b)所示。

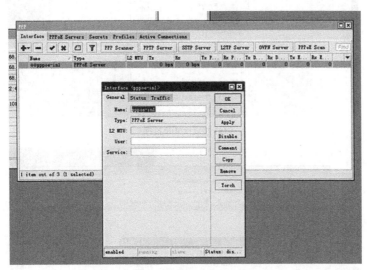

(a) 添加PPPOE Server

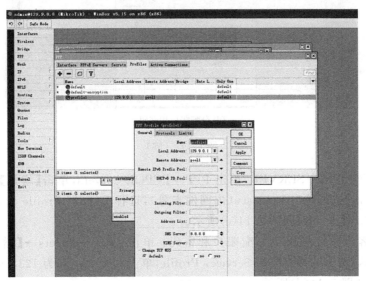

(b) 设置DNS

图 7.14　如何给客户端拨号用户分配账户和密码操作步骤

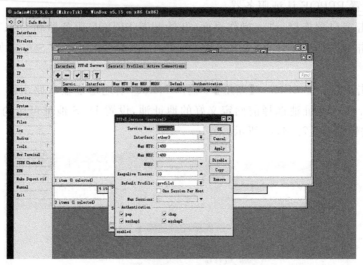

(c) 建立profile名称

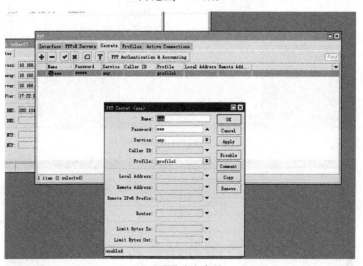

(d) 分配账户和密码

图 7.14 （续）

④ 建立 PPPOE SERVER，单击 PPP→PPPOE Servers，单击【增加】按钮，输入
Service Name，选择接口 Interface（内网网卡号），选择 Default Profile 为上步建立的
Profile 名称，单击 OK，如图 7.14(c)所示。

⑤ 给客户端拨号用户分配账户和密码：单击 PPP→Secrets→【增加】→输入
Name，Password，选择对应的 Service，Profile，单击 OK（如：名为 123/ppp1，密码为
123/test），如图 7.14(d)所示。

（8）配置 NAT（网络地址转换）如图 7.15 所示，由于我们内网使用的是私有 IP
地址，为了学生可以正常访问外网，还要进行 NAT 地址转换配置。

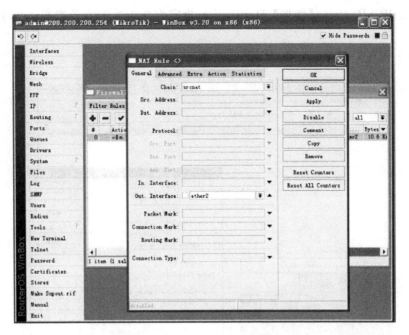

图 7.15　NAT 配置示意图

单击 IP→Firewall→NAT→增加 NAT 规则。单击 General→选择 Chain 为 srcnat，Out，Interface 为上行口网卡。单击 Action→选择 Action 为 masquerade，单击 OK 按钮。

（9）为认证服务器配置路由，如图 7.16 所示。

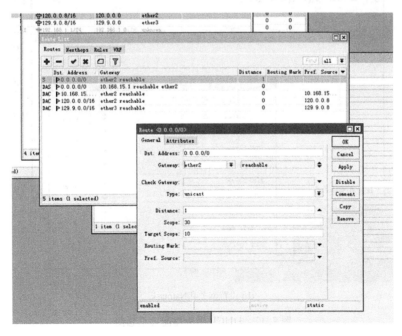

图 7.16　认证服务器配置路由示意图

单击 IP→Routes→【增加】，Destination 指定为 0.0.0.0/0，设置 Gateway 是上行口网卡。

(10) 配置 DHCP 服务器，如图 7.17 所示。

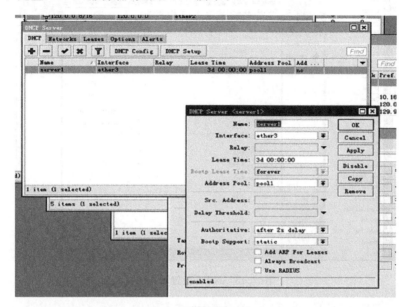

(a) 增加服务

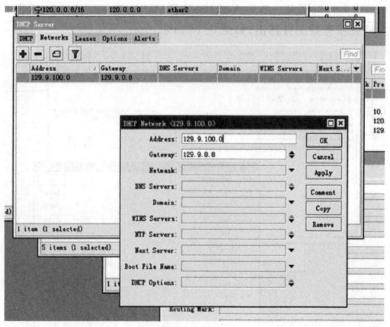

(b) 设置网关和 Natmask

图 7.17　DHCP 服务器配置示意图

① 单击 IP→DHCP Server→增加服务,输入 Name,选择 Interface(内网网卡),选择 Address Pool,单击 OK,如图 7.17(a)所示。

② 单击 IP→DHCP Server→Networks→设置网关为 Gateway(该网关设置成路由服务器内网 IP),设置 Netmask 为 24,单击 OK,如图 7.17(b)所示。

BRAS 设置完成后,EPON 的数据如果正确,可以观察到上网终端 3 种方式得到的 IP 地址就是 BRAS 地址池中的地址。

# 7.6 EPON 接入用户组网实验

**1. 实验目的**

通过本实训学习,掌握 OLT 设备(EPON-MA5680T)数据配置及规划,掌握 ONT设备(EPON 终端)注册配置信息,了解 FTTH 网络结构及解决方案。让学生了解EPON 设备用户侧组网的数据设定方法。

**2. 实验器材**

- EPON-MA5680T 1 台。
- 实训用维护终端 若干。
- EPON 终端(HG8240) 若干台。
- BAS 设备 1 台(可以访问 INTERNET 网的接口)。
- 网线及光纤。

**3. 实验内容说明**

ARP(address resolution protocol)是用来将 IP 地址解析为 MAC 地址的协议。因为 IP 地址只是计算机在网络层中的地址,如果要将网络层数据报文传送给目的计算机,必须知道目的计算机的物理地址,即 MAC 地址,因此必须将 IP 地址解析为MAC 地址。此时,需要应用到 ARP 协议。

ARP 代理是指这样一个过程:当 ARP 请求报文从计算机 A 发往计算机 B 时,该请求报文由连接这两个计算机的接入设备进行处理。

普通情况下终端间是隔离的,无法实现二层组网,通过打开 ARP 代理功能,实现二层互通。

**4. 实验步骤**

1)建立硬件环境

(1)按照 ODF 连接说明,找到标明有测试的对应终端号桌子,桌子正面下方有一个多功能面板,上面有一对光口,左边的是 R 端,右边的是 T 端,按照连接说明,将HG8240 配套的光纤,一头与多功能面板 R 端光口相连,另一头与 HG8240 的光口相

183

连,这样完成 ONT 与 OLT 的硬件环境建立,至少完成两个 ONT 的连接;

(2) 在数据做完后才会有发光到 ONT 侧,数据完成后可以用光功率计测量是否光正常连接到多功能面板,注意光功率计要调整到对应测量 PON 的波长位置;

(3) 光正常后可以参照前面章节的 PON 灯和 LOS 灯状态,简单确定 ONT 是否正常完成注册;

(4) 将 EPON 的 GIGC 上行口与 BRAS 的内网口连接(已通过交换机连接);

(5) 将 BRAS 的外网口与互联网连接(已连接到教室的校园网口);

(6) 上网的测试终端的网口与 HG8240 的 LAN1 口用网线连好,每个 ONT 都接一台电脑。

2) EPON 数据配置

可以采用 EB 或 TELNET 方式进行数据配置,具体操作方法听从教师的安排,以下数据中注册了两台 ONT。

EPON 数据业务命令如下:

```
Config                                      //从特权模式进入全局模式
ont - srvprofile epon profile - id 1        //增加 ONT 业务模板,模板 ID 号是 1
<cr>
ont - port pots 2 eth 4                     //该模板的 ONT 有 4 个 ETH 口 2 个 POTS 口
<cr>
commit                                      //确定模板内容
quit                                        //退出模板
ont - lineprofile epon profile - id 1       //增加 ONT 线路模板,模板 ID 号是 1
<cr>
quit                                        //退出模板 VLAN 100 smart
interface epon 0/1                          //进入 0 框 1 槽 EPON 单板
port 0 ont - auto - find enable             //打开 0 号 EPON 口的 ONT 自动发现功能,此时只
//要光纤连接正常,ONT 上电正常,ONT 会自动上报被发现,可以看到 MAC 地址
ont add 0 0 mac - auth XXXX - XXXX - XXXX oam ont - lineprofile - id 1 ont - srvprofile - id 1
    //增加 0 号 EPON 口的 0 号 ONT,采用 MAC 地址认证,MAC 地址 XXXX - XXXX - XXXX 可以从
//HG8240 的背面看到、也可以通过自动发现上报,ONT 由 OLT 下发配置,采用 1 号线路模板和 1
//号业务模板
<cr>
ont add 0 1 mac - auth XXXX - XXXX - XXXX oam ont - lineprofile - id 1 ont - srvprofile - id 1
<cr>
ont port vlan 0 0 eth 1 100                 //设置该 ONT 的第一个网口的 VLAN 是 100
ont port vlan 0 1 eth 1 100
ont port native - vlan 0 0 eth 1 vlan 100   //设置该 ONT 的第一个网口的默认 VLAN 是 100
ont port native - vlan 0 1 eth 1 vlan 100
Quit                                        //退出 EPON 板
vlan 10 smart                               //增加一个业务 VLAN
interface vlanif 10                         //创建 VLAN 接口
ip address 192.168.0.100 255.255.255.0      //配置管理 VLAN 的 IP 信息
<cr>
quit
port vlan 10 0/18 0                         //加入上行端口 0 到 VLAN 10 中
```

```
interface giu 0/18                          //进入上行接口板
native - vlan 0 vlan 10                      //把上行接口板 0 端口的默认 VLAN 设置为 10
quit                                         //退出上行接口板
service - port 0 vlan 10 epon 0/1/0 ont 0 multi - service user - vlan 100    //在 VLAN 10
//中增加一个业务虚端口,0 号虚端口,将 0 号 EPON 口的 0 号 ONT 的 VLAN 为 100 的用户接入到
//这个虚端口中
< cr >
service - port 0 vlan 10 epon 0/1/0 ont 1 multi - service user - vlan 100
< cr >      //完成上述命令后两台电脑设置为 192.168.0.X 网络的地址,可以进行带内网管,
//但是之间按照设置的 IP 地址去相互 PING 是无法通的,由于两台终端处于同一子网,当终端
//1 发送报文给终端 2 时,将直接广播 ARP 报文,请求终端 2 的 MAC 地址,由于两台终端在不同
//的广播域,因此不会得到相互的 ARP 响应报文
```

此时配置如下命令:

```
arp proxy enable                             //全局模式下启用 ARP 代理
interface vlanif 10                          //进入 VLAN 接口
arp proxy enable                             //启用 ARP 代理
< cr >
Quit    //此时如果关闭掉 ARP 代理 arp proxy disable 电脑还是可以 PING 通,因为已经获得
//了 IP 和 MAC 地址间的对应关系
```

# 7.7 EPON 组播业务实验

### 1. 实验目的

通过本实训学习,掌握 OLT 设备(EPON-MA5680T)数据配置及规划,掌握 ONT 设备(EPON 终端)注册配置信息,了解 FTTH 网络结构及解决方案。让学生了解组播原理及 EPON 设备组播业务的数据设定方法。

### 2. 实验器材

- EPON-MA5680T 1 台。
- 实训用维护终端 若干。
- EPON 终端(HG8240) 若干台。
- 网线及光纤。

### 3. 实验内容说明

单播(unicast)传输:在发送者和每一接收者之间实现点对点网络连接。如果一台发送者同时给多个的接收者传输相同的数据,也必须相应地复制多份相同数据包。如果有大量主机希望获得数据包的同一份副本时,将导致发送者负担沉重、延迟长、网络拥塞;为保证一定的服务质量需增加硬件和带宽。

组播(multicast)传输:在发送者和每一接收者之间实现点对多点网络连接。如

果一台发送者同时给多个的接收者传输相同的数据,也只需复制一份相同的数据包。它提高了数据传送效率,减少了骨干网络出现拥塞的可能性。

广播(broadcast)传输:是指在 IP 子网内广播数据包,所有在子网内部的主机都将收到这些数据包。广播意味着网络向子网每一个主机都投递一份数据包,不论这些主机是否乐于接收该数据包。所以广播的使用范围非常小,只在本地子网内有效,通过路由器和网络设备控制广播传输。

组播解决了单播和广播方式效率低的问题。当网络中的某些用户需求特定信息时,组播源(即组播信息发送者)仅发送一次信息,组播路由器借助组播路由协议为组播数据包建立树形路由,被传递的信息在尽可能远的分叉路口才开始复制和分发。

IGMP 协议运行于主机和与主机直接相连的组播路由器之间,主机通过此协议告诉本地路由器希望加入并接受某个特定组播组的信息,同时路由器通过此协议周期性地查询局域网内某个已知组的成员是否处于活动状态(即该网段是否仍有属于某个组播组的成员),实现所连网络组成员关系的收集与维护。

在 EPON 上注册一个 ONT,服务器端播放电视节目,ONT 下挂的电脑可以同步看到服务器端播放的节目数据流。

### 4. 实验步骤

1) 建立硬件环境

(1) 按照 ODF 连接说明,找到标明有测试的对应终端号桌子,桌子正面下方有一个多功能面板,上面有一对光口,左边的是 R 端,右边的是 T 端,按照连接说明,将HG8240 配套的光纤,一头与多功能面板 R 端光口相连,另一头与 HG8240 的光口相连,这样完成 ONT 与 OLT 的硬件环境建立;

(2) 在数据做完后才会有发光到 ONT 侧,数据完成后可以用光功率计测量是否光正常连接到多功能面板,注意光功率计要调整到对应测量 PON 的波长位置;

(3) 光正常后可以参照前面章节的 PON 灯和 LOS 灯状态简单确定 ONT 是否正常完成注册;

(4) 将 EPON 的 GIGC 上行口与组播服务器即教师机的内网口连接(已通过交换机连接);

(5) 组播业务的测试终端的网口与 HG8240 的 LAN2 口用网线连好。

2) 预置组播服务器

教师在服务端 VLC 设置方法如下:

软件打开后单击媒体→串流→添加视频文件(格式需要试一下,不一定所有格式都行,常用的没问题)→串流,跳出窗口单击下一个→新目标改成 RTP/M T S,选择本地显示→添加→地址输入 226.0.0.6(组播地址,与数据对应,也可以配置其他组播地址)→取消激活转码→下一个→串流→开始播放后选上最下面的循环播放标志。

3) EPON 数据配置

可以采用 EB 或 TELNET 方式进行数据配置,具体操作方法听从教师的安排。

## EPON 数据业务命令如下：

```
Config                                 //从特权模式进入全局模式
vlan 10 smart                          //增加一个业务 VLAN
port vlan 10 0/18 0                    //加入上行端口 0 到 VLAN 10 中
interface giu 0/18                     //进入上行接口板
native－vlan 0 vlan 10                  //把上行接口板 0 端口的默认 VLAN 设置为 10
quit                                   //退出上行接口板
ont－srvprofile epon profile－id 1       //增加 ONT 业务模板,模板 ID 号是 1
<cr>
ont－port pots 2 eth 4                  //该模板的 ONT 有 4 个 ETH 口 2 个 POTS 口
<cr>
port multicast－vlan eth 2 10           //设置 ONT 的第二个网口的组播 VLAN 是 10
port eth 2 multicast－tagstrip untag    //设置 ONT 第二个网口剥离组播标签
commit                                 //确定模板内容
quit                                   //退出模板
ont－lineprofile epon profile－id 1      //增加 ONT 线路模板,模板 ID 号是 1
<cr>
quit
interface epon 0/1                     //进入 0 框 1 槽 EPON 单板
port 0 ont－auto－find enable            //打开 0 号 EPON 口的 ONT 自动发现功能,此时只
//要光纤连接正常,ONT 上电正常,ONT 会自动上报被发现,可以看到 MAC 地址
ont add 0 0 mac－auth XXXX－XXXX－XXXX oam ont－lineprofile－id 1 ont－srvprofile－id 1
      //增加 0 号 EPON 口的 0 号 ONT,采用 MAC 地址认证,MAC 地址 XXXX－XXXX－XXXX 可以从
//HG8240 的背面看到、也可以通过自动发现上报,ONT 由 OLT 下发配置,采用 1 号线路模板和 1
//号业务模板
<cr>
ont port vlan 0 0 eth 2 200            //设置该 ONT 的第二个网口的 VLAN 是 200
ont port native－vlan 0 0 eth 2 vlan 200 //设置该 ONT 的第二个网口的默认 VLAN 是 200
Quit                                   //退出 EPON 板
service－port 100 vlan 10 epon 0/1/0 ont 0 multi－service user－vlan 200   //在 VLAN 10
//中增加一个业务虚端口,100 号虚端口,将 0 号 EPON 口的 0 号 ONT 的 VLAN 为 100 的用户接入
//到这个虚端口中
<cr>
multicast－vlan 10                      //进入组播 VLAN 配置
igmp mode proxy                        //配置 IGMP 模式为代理模式
Y                                      //Yes
igmp version v3                        // 配置 IGMP 版本为 V3
Y                                      //Yes
igmp uplink－port 0/18/0                //定义 IGMP 报文从 0/18/0 口上行
igmp program add name yinjian ip 226.0.0.6 sourceip 129.9.0.100    //增加节目名称为硬
//件,频道地址为 226.0.0.6,服务器地址为 129.9.0.100
<cr>
btv                                    //进入宽带电视模式
igmp policy service－port 100 normal    //IGMP 报文为正常处理
igmp user add service－port 100 no－auth //IGMP 增加不鉴权用户,用户虚端口 100
<cr>
multicast－vlan 10                      //再配置组播 VLAN
igmp multicast－vlan member service－port 100       //把虚端口 100 加入到组播组中
```

187

```
quit                              //退出组播配置
```

4) 业务测试

在测试终端 VLC 设置方法如下:媒体→打开网络串流→地址输入 rtp://226.0.0.6,地址与服务端设置的组播地址一致→单击播放,如果 EPON 数据正确,就可以看到视频,此时光猫网口灯狂闪;

测试电脑在看组播节目时需要断开其他网线,只留与 ONT 相连接的网线。

# 7.8 EPON 安全管理实验

### 1. 实验目的

通过本实训学习,掌握 OLT 设备(EPON-MA5680T)数据配置及规划,掌握 ONT 设备(EPON 终端)注册配置信息,了解 FTTH 网络结构及解决方案。让学生了解 EPON 设备安全管理的数据设定方法。

### 2. 实验器材

- EPON-MA5680T 1台。
- 实训用维护终端 若干。
- EPON 终端(HG8240) 若干台。
- BAS 设备 1台(可以访问 INTERNET 网的接口)。
- 网线及光纤。

### 3. 实验内容说明

EPON 安全管理原理如图 7.18 所示,ACL(access control list)是指通过配置一系列匹配规则对特定的数据包进行过滤,从而识别需要过滤的对象。在识别出特定的

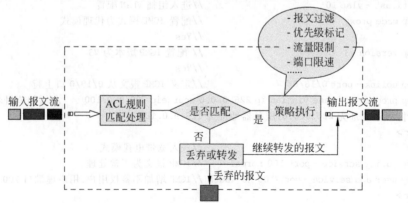

图 7.18 EPON 安全管理原理图

对象之后,根据预先设定的策略允许或禁止相应的数据包通过,ACL 分类如表 7.3 所示。

**表 7.3　ACL 分类列表**

| 项　　目 | 数字取值范围 | 特　　点 |
|---|---|---|
| 基本 ACL | 2000～2999 | 只能根据三层源 IP 和 fragment 字段制定规则,对数据包进行相应的分析处理 |
| 高级 ACL | 3000～3999 | 可以根据数据包的源地址信息、目的地址信息、IP 承载的协议类型(包括的报文类型有 gre、icmp、ip、ipinip、tcp、udp)、针对协议的特性,例如 TCP 的源端口、目的端口、ICMP 协议的类型、code 等内容定义规则。利用高级 ACL 可以定义比基本 ACL 更准确、更丰富、更灵活的规则 |
| 链路层 ACL | 4000～4999 | 可以根据源 MAC 地址、源 VLAN ID、二层协议类型、目的 MAC 地址、QoS 等链路层信息制定规则 |
| 用户自定义 ACL | 5000～5999 | 可以根据二层数据帧的前 80 个字节中的任意 32 字节进行匹配 |

　　系统对输入的报文流将按照 ACL 所定义的规则进行匹配处理:如果匹配规则,则交 QoS 进一步策略动作执行处理,包括报文过滤、优先级标记、端口限速、流量限制、流量统计、报文重定向、报文镜像,在完成策略执行处理后再转发输出报文流。否则,按照 ACL 规则的定义,不匹配规则的报文将被丢弃或者被转发。

　　在 EPON 上注册一个 ONT,每个 ONT 都接入终端,可以正常上网、验证各种安全防护设置。

**4. 实验步骤**

1) 建立硬件环境

(1) 按照 ODF 连接说明,找到标明有测试的对应终端号桌子,桌子正面下方有一个多功能面板,上面有一对光口,左边的是 R 端,右边的是 T 端,按照连接说明,将 HG8240 配套的光纤,一头与多功能面板 R 端光口相连,另一头与 HG8240 的光口相连,这样完成 ONT 与 OLT 的硬件环境建立。

(2) 在数据做完后才会有发光到 ONT 侧,数据完成后可以用光功率计测量是否光正常连接到多功能面板,注意光功率计要调整到对应测量 PON 的波长位置。

(3) 光正常后可以参照前面章节的 PON 灯和 LOS 灯状态简单确定 ONT 是否正常完成注册。

(4) 将 EPON 的 GIGC 上行口与 BRAS 的内网口连接(已通过交换机连接)。

(5) 将 BRAS 的外网口与互联网连接(已连接到教室的校园网口)。

(6) 上网的测试终端的网口与 HG8240 的 LAN1 口用网线连好。

2) EPON 数据配置

可以采用 EB 或 TELNET 方式进行数据配置,具体操作方法听从教师的安排。

189

**EPON 数据业务命令如下：**

```
Config                                    //从特权模式进入全局模式
ont - srvprofile epon profile - id 1      //增加 ONT 业务模板,模板 ID 号是 1
< cr >
ont - port pots 2 eth 4                   //该模板的 ONT 有 4 个 ETH 口 2 个 POTS 口
< cr >
commit                                    //确定模板内容
quit                                      //退出模板
ont - lineprofile epon profile - id 1     //增加 ONT 线路模板,模板 ID 号是 1
< cr >
quit                                      //退出模板 VLAN 100 smart
interface epon 0/1                        //进入 0 框 1 槽 EPON 单板
port 0 ont - auto - find enable           //打开 0 号 EPON 口的 ONT 自动发现功能,此时只
//要光纤连接正常,ONT 上电正常,ONT 会自动上报被发现,可以看到 MAC 地址
ont add 0 0 mac - auth XXXX - XXXX - XXXX oam ont - lineprofile - id 1 ont - srvprofile - id1
    //增加 0 号 EPON 口的 0 号 ONT,采用 MAC 地址认证,MAC 地址 XXXX - XXXX - XXXX 可以从
//HG8240 的背面看到、也可以通过自动发现上报,ONT 由 OLT 下发配置,采用 1 号线路模板和 1
//号业务模板
< cr >
ont port vlan 0 0 eth 1 100               //设置该 ONT 的第一个网口的 VLAN 是 100
ont port native - vlan 0 0 eth 1 vlan 100 //设置该 ONT 的第一个网口的默认 VLAN 是 100
Quit                                      //退出 EPON 板
vlan 10 smart                             //增加一个业务 VLAN
interface vlanif 10                       //创建 VLAN 接口
ip address 192.168.0.100 255.255.255.0    //配置管理 VLAN 的 IP 信息
< cr >
quit
port vlan 10 0/18 0                       //加入上行端口 0 到 VLAN 10 中
interface giu 0/18                        //进入上行接口板
native - vlan 0 vlan 10                   //把上行接口板 0 端口的默认 VLAN 设置为 10
quit                                      //退出上行接口板
service - port 0 vlan 10 epon 0/1/0 ont 0 multi - service user - vlan 100    //在 VLAN 10
//中增加一个业务虚端口,0 号虚端口,将 0 号 EPON 口的 0 号 ONT 的 VLAN 为 100 的用户接入到
//这个虚端口中
< cr >
//完成上述配置后,电脑可以正常拨号上网,修改电脑的 IP 地址也可以实现带内网管,下面可
//以测试几种安全管理实验;配置 IP 地址和 MAC 地址绑定,保证用户认证的安全性,从而防止
//非法用户接入
bind ip service - port 0192.168.0.10      //该虚端口只允许源 IP 地址为 192.168.0.10 的
//报文通过,配置完此条命令后,电脑改成其他地址将无法进行带内网管
mac - address static service - port 0 1010 - 1010 - 1010      //该虚端口只允许源 MAC 地址
//为 1010 - 1010 - 1010 的报文通过,此时相当于绑定了物理网卡,更换其他电脑都无法从这
//个端口上网
mac - address max - mac - count service - port 0 0      //该虚端口的 MAC 地址最大学习数
//为 0,不允许通过任何方式接入一台以上的电脑
```

**以下业务建议采用单条命令分步执行,不采用批命令方式。**

防止 129.9.0.0 网段的用户访问 IP 地址为 129.9.0.6 的设备维护网口(慎用命

令,执行完后将无法通过带外网管进行维护,可通过带内网管取消命令维护,如果通过此种方式也限制了带内网管,只能通过串口方式删除命令解除限制)

```
acl 3001                              //建立 ACL3001
rule 5 deny ip source 129.9.0.0 0.0.0.255 destination 129.9.0.6 0    //建立规则限制
//129.9.0.0 网段访问地址 129.9.0.6
quit                                  //退出 ACL
firewall enable                       //启用防火墙
interface meth 0                      //进入维护口
firewall packet－filter 3001 inbound    //对进入维护口的报文采用 ACL3001 进行甄别处
//理,执行命令后所有采用带外网管的用户马上都会失去对设备的控制
```

限制 ONT 用户对设备发起带内网管。

```
acl 3002
rule 1 deny icmp destination 192.168.0.100 0    //建立规则限制对 192.168.0.100 地址发
//起 ICMP 报文,如 PING 操作
rule 2 deny tcp destination 192.168.0.100 0 destination－port eq telnet    //建立规则
//限制对 192.168.0.100 地址发起 TELNET 操作
quit
packet－filter inbound ip－group 3002 rule 1 port 0/1/0
packet－filter inbound ip－group 3002 rule 2 port 0/1/0    //在 PON 口上应用两种规则,
//这样所有从 PON 口进入的信号即 ONT 上发起的两种报文都不能接入地址 192.168.0.100,这
//样就对设备起到保护作用,限制从用户侧发起带内网管
```

# 7.9 EPON FTTH 组网实验

### 1. 实验目的

通过本实训学习,掌握 OLT 设备(EPON-MA5680T)数据配置及规划,掌握 ONT 设备(EPON 终端)注册配置信息,了解 FTTH 网络结构及解决方案。让学生掌握 EPON 设备多业务接入的数据设定方法。

### 2. 实验器材

- EPON-MA5680T 1台。
- 实训用维护终端 若干。
- EPON 终端(HG8240) 若干台。
- 网线及光纤。

### 3. 实验内容说明

三网融合是指电信网、广播电视网、互联网在向宽带通信网、数字电视网、下一代互联网发展过程中,通过技术改造,其技术功能趋于一致,业务范围趋于相同,网络互

联互通、资源共享,能为用户提供语音、数据和广播电视等多种服务。三网融合并不意味着三大网络的物理合一,而主要是指高层业务应用的融合。三网融合应用广泛,遍及智能交通、环境保护、政府工作、公共安全、平安家居等多个领域。手机可以看电视、上网,电视可以打电话、上网,电脑也可以打电话、看电视。三者之间相互交叉,形成你中有我、我中有你的格局。

在 EPON 上注册一个 ONT,ONT 上同时承载数据、视频业务。

### 4. 实验步骤

1) 建立硬件环境

(1) 按照下图的 ODF 连接说明,找到标明有测试的对应终端号桌子,桌子正面下方有一个多功能面板,上面有一对光口,左边的是 R 端,右边的是 T 端,按照连接说明,将 HG8240 配套的光纤,一头与多功能面板 R 端光口相连,另一头与 HG8240 的光口相连,这样即完成 ONT 与 OLT 的硬件环境建立。

(2) 在数据做完后才会有发光到 ONT 侧,数据完成后可以用光功率计测量是否光正常连接到多功能面板,注意光功率计要调整到对应测量 PON 的波长位置。

(3) 光正常后可以参照前面章节的 PON 灯和 LOS 灯状态简单确定 ONT 是否正常完成注册。

(4) 将 EPON 的 GIGC 上行口与 BRAS 的内网口连接(已通过交换机连接)。

(5) 将 BRAS 的外网口与互联网连接(已连接到教室的校园网口)。

(6) 上网的测试终端的网口与 HG8240 的 LAN1 口用网线连好。

(7) 组播业务的测试终端的网口与 HG8240 的 LAN2 口用网线连好。

2) EPON 数据配置

可以采用 EB 或 TELNET 方式进行数据配置,具体操作方法听从老师的安排。

**EPON 数据业务命令如下:**

```
Config                          //从特权模式进入全局模式
vlan 10 smart                   //增加一个业务 VLAN
port vlan 10 0/18 0             //加入上行端口 0 到 VLAN 10 中
interface giu 0/18              //进入上行接口板
native - vlan 0 vlan 10         //把上行接口板 0 端口的默认 VLAN 设置为 10
quit                            //退出上行接口板
ont - srvprofile epon profile - id 1    //增加 ONT 业务模板,模板 ID 号是 1
<cr>
ont - port pots 2 eth 4         //该模板的 ONT 有 4 个 ETH 口 2 个 POTS 口
<cr>
port vlan eth 1 100             //设置该 ONT 的第一个网口的 VLAN 是 100
port vlan eth 2 200
port multicast - vlan eth 2 10  //设置 ONT 的第二个网口的组播 VLAN 是 10
port eth 2 multicast - tagstrip untag   //设置 ONT 第二个网口剥离组播标签
commit                          //确定模板内容
quit                            //退出模板
ont - lineprofile epon profile - id 1   //增加 ONT 线路模板,模板 ID 号是 1
```

```
<cr>
quit
interface epon 0/1                      //进入0框1槽EPON单板
port 0 ont-auto-find enable             //打开0号EPON口的ONT自动发现功能,此时只
//要光纤连接正常,ONT上电正常,ONT会自动上报被发现,可以看到MAC地址
ont add 0 0 mac-auth XXXX-XXXX-XXXX oam ont-lineprofile-id 1 ont-srvprofile-id 1
        //增加0号EPON口的0号ONT,采用MAC地址认证,MAC地址XXXX-XXXX-XXXX可以从
//HG8240的背面看到、也可以通过自动发现上报,ONT由OLT下发配置,采用1号线路模板和1
//号业务模板
<cr>
ont port native-vlan 0 0 eth 1 vlan 100   //设置该ONT的第一个网口的默认VLAN是100
ont port native-vlan 0 0 eth 2 vlan 200   //设置该ONT的第二个网口的默认VLAN是200
Quit                                    //退出EPON板
service-port 100 vlan 10 epon 0/1/0 ont 0 multi-service user-vlan 100
service-port 101 vlan 10 epon 0/1/0 ont 0 multi-service user-vlan 200    //在VLAN 10
//中增加一个业务虚端口,100号虚端口,将0号EPON口的0号ONT的VLAN为100的用户接入
//到这个虚端口中
<cr>
multicast-vlan 10                       //进入组播VLAN配置
igmp mode proxy                         //配置IGMP模式为代理模式
Y                                       //Yes
igmp version v3                         //配置IGMP版本为V3
Y                                       //Yes
igmp uplink-port 0/18/0                 //定义IGMP报文从0/18/0口上行
igmp program add name yinjian ip 226.0.0.6 sourceip 129.9.0.100    //增加节目名称为硬
//件,频道地址为226.0.0.6,服务器地址为129.9.0.100
<cr>
btv                                     //进入宽带电视模式
igmp policy service-port 101 normal     //IGMP报文为正常处理
igmp user add service-port 101 no-auth  //IGMP增加不鉴权用户,用户虚端口101
<cr>
multicast-vlan 10                       //再配置组播VLAN
igmp multicast-vlan member service-port 101    //把虚端口101加入到组播组中
quit                                    //退出组播配置
```

3) 业务验证

业务配置完成后,在LAN1、LAN2口的电脑可以正常拨号上网,LAN2口的电脑可以收看组播视频流,这里仿真的是三网融合业务中的FTTH接入模式,LAN1口接入电脑、LAN2口接入机顶盒,在有软交换的情况下,还可以直接承载语音业务。

# 第8章

# 网络规划与设计

FTTH(fiber to the home)作为有线接入网的发展目标,是中国电信为客户提供高带宽、多业务接入的基础网络设施。接入光缆和 ODN 作为 FTTH 网络最为关键组成部分,是企业未来长期发展的战略基础设施,对 FTTH 的部署和将来其他业务的发展有着极为至关重要的影响和作用。可以这么说,没有接入光缆和 ODN,FTTH就无从谈起。

接入光缆网的规划应综合考虑政企、家庭、个人三大客户群对光纤接入的需求,秉承统一规划、分期建设的原则,在网络结构和节点设置上既可满足用户分布、业务需求的多样性和不确定性,又能够保持网络结构的长期稳定。"承载所有业务、保持结构稳定"是接入光缆网规划的目标。

## 8.1 接入光缆网的架构

通过对上述在接入光缆网上承载的用户和业务分析可知,对光缆有需求的用户可分为两大类,即 PON 接入用户和非 PON 接入用户。

基于 PON 技术接入的客户和业务,接入层光缆网采用的网络结构主要以星树形结构为主,辅以少量的链形和环形结构。非 PON 技术接入的客户和业务,接入层光缆网采用的网络结构主要以环形和链形为主。

既然各种业务和各类客户对接入光缆网的结构要求不同,是否要在同一片区内设计多个结构不同的重合接入光缆网来满足用户的需求? 答案是否定的。因为这不符合"承载所有业务、保持结构稳定"的接入光缆网的规划目标。一个片区的接入光缆网的目标架构只有一个,通过灵活的纤芯分配,组成各种具有实际用途结构的光接入网,实现该片区的所有用户和业务"一网打尽"。

## 8.1.1 接入光缆网目标架构

### 1. 接入光缆网的结构层次

接入光缆网在结构层次上分为二层结构和三层结构。二层结构分为主干层和配线层,三层结构分为主干层、配线层和引入层,并以局端机楼为中心组成多个相对独立的网络。其中,主干光缆以环形结构为主;配线光缆结构分为星形、树形和环形3种;引入光缆主要采用星形和树形结构,对于特别重要的用户,可以采用双归方式组网如图8.1和图8.2所示。

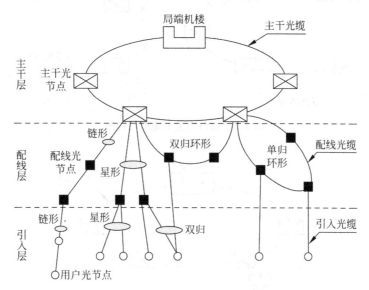

图 8.1 三层结构下的接入光缆网架构图

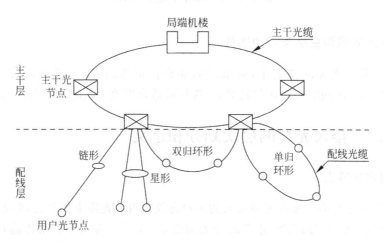

图 8.2 二层结构下的接入光缆网架构图

**2. 主干光缆的归属形式**

主干光缆的归属形式分为两种,即单归型和双归型。为进一步提高接入光缆网的整体可靠性,有时也将接入主干光缆双归到不同的局端机楼。双归型网络的主干光节点和主干光缆围绕着两个局端机楼组网,根据局端机楼所处的位置,又分为双归 A 型和双归 B 型,如图 8.3 所示。单归型网络的主干光节点和主干光缆围绕着一个局端机楼组网,如图 8.4 所示。

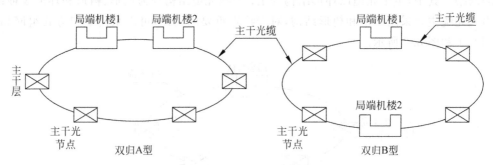

图 8.3　双归型主干光缆结构图

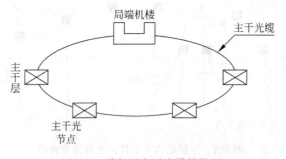

图 8.4　单归型主干光缆结构图

**3. 接入光缆网目标架构的选择**

在实际接入光缆网规划中,应根据局端机楼位置、管线资源的现状,灵活利用图 8.1~图 8.4 的网络架构和归属形式,选择最适合当地现状的接入光缆网的架构。

## 8.1.2　接入光缆网层次划分和定义

**1. 用户光节点**

用户光节点是指需要有光缆接入的用户建筑物内的光缆末梢节点,形态可以是交接箱、ODF、接头盒、分纤盒、分光器等无源设备,也可以是 3G 基站传输设备、楼道 MDU(multiple dwelling unit)、政企定制终端、用户侧交换机和传输设备等。用户光节点的规划应以建筑物为标准,当建筑物内同时存在家庭客户、政企客户、3G 基站等用户时,应将入楼光缆的光交接设施(含多个光交接设施)规划为一个用户光节点。

### 2. 引入光缆

引入光缆是指从用户光节点上行到配线光节点的光缆,结构一般以星形或树形为主,对于需要双光缆路由保护的重要用户光节点,可通过将用户光节点双归到邻近配线光节点的方式,提供全程的光缆路由保护。

### 3. 配线光节点

配线光节点是指用于汇聚多条引入光缆的光交接设施,一般为光交接箱或接头盒(可能内置有分光器)。配线光节点一般设置在小区或路边,用于汇聚一个片区内的引入光缆。

### 4. 配线光缆

配线光节点到主干光节点之间的光缆定义为配线光缆。配线光缆结构以星形或树形为主,对于个别接入重要、有双路由需求的政企客户的配线光节点,也可以采用双归到相邻的主干光节点方式,提供光缆路由保护。

### 5. 主干光节点

主干光节点是指用于汇聚多条配线光缆的光交接设施,一般为光交接间或光交接箱,可能会规划有 OLT、汇聚交换机、接入传输等设备汇聚节点。主干光节点应设置在管道路由丰富、易于扩容的位置,主要采用光交接间或大容量光交接箱的形式。

### 6. 主干光缆

主干光节点与端局、主干光节点之间的光缆定义为主干光缆。主干光缆的结构应以环形为主,树形为辅。如外部条件允许,也可以采用双归到不同的局端机楼的方式组网,这样更有利于提高全网的可靠性。

## 8.1.3 接入光缆网规划原则

接入光缆网实际上由光节点和光缆构成,光节点的设置直接与用户分布相关,光缆路由和结构则与光节点的位置直接关联。因此,在进行接入光缆规划时,应首先确定光节点的位置和分布,按照"由下至上"的顺序规划光节点,再根据光节点的规划确定光缆路由及纤芯配置。

### 1. 配线光节点设置原则

配线光节点是引入光缆的物理汇聚节点,其作用是将多条引入光缆收敛为一条大芯数的配线光缆。配线光节点的设置应节省光缆投资,避免大量小芯数光缆上联至主干光节点,并提高客户接入的响应速度。

配线光节点在网络上的位置相当于铜缆网的电交接箱,在 FTTH 模式下基本上每个配线光节点覆盖一个小区的范围。在城市内的配线光节点规划,可按照每 500 户设置一个配线光节点,城市区域每个配线光节点的覆盖范围在 100~300m。配线光节点主要采用无跳接光交接箱的形式,对于能够免费获取机房的小区,也可选择光交接间的形式。配线光节点位置选择应满足以下原则:

(1) 宜设在节点覆盖区域内光缆网中心略偏主干光节点的一侧。

(2) 靠近人(手)孔便于出入线的地方或利旧光缆的汇集点上。

(3) 符合城市规划,不妨碍交通并不影响市容观瞻的地方。

(4) 安全、通风、隐蔽、便于施工维护、不易受到外界损伤及自然灾害的地方。

### 2. 主干光节点设置原则

主干光节点用于汇聚多条配线光缆,为突出主干光节点对纤芯资源调度的灵活性,主干光节点管辖的区域不宜过小,一般为每 3~8 个配线光节点设置一个主干光节点。主干光节点的设置主要考虑以下原则:

(1) 城市区域,主干光节点应设置在管道路由丰富、易于扩容的位置,首选条件较好的模块局、接入网机房进行设置,并可根据实际情况选择路由丰富、环境安全的室外一级光交接箱作为主干光节点的补充。

(2) 主干光节点的管辖区域以道路、自然地理并结合行政区划为界,主干光节点优先设置在本区内用户密度中心靠近 OLT 节点的一侧。

(3) 对于农村地区,各乡镇内现有光缆传送方向多的接入点、用户量大的接入点(模块局)可优先设为主干光节点。

(4) 设置在室外的主干光节点,安全性是需要考虑的基本因素,要求防水、防尘、防潮,另外对其机械及物理性能也应重点关注。

### 3. OLT 节点设置原则

OLT 节点应根据 PON 用户的用户密度,按照最经济覆盖半径确定规划区内的 OLT 节点数量以及每个 OLT 节点的覆盖范围。OLT 节点选择应遵循以下原则:

(1) 从 OLT 设备的交换能力、设备容量考虑,主流厂商的 OLT 已经达到了 A 类汇聚交换机的能力,是低成本的多业务接入与汇聚平台,OLT 节点应定位于汇聚以上网络节点,而不是作为接入设备使用。因此,对于不同 OLT 布局方案,即使整体投资相差不大,也应尽量集中设置 OLT 节点。对于 OLT 节点的布局规划,在同等条件下,应更倾向于 OLT 集中部署方案。

(2) OLT 节点部署位置不应高于现有一般机楼,避免出现大量占用中继光缆纤芯的情况;也不应低于主干光节点,避免出现反向占用主干纤芯,导致纤芯方向混乱的情况发生。

（3）原则上，城市地区 OLT 节点终局容量应根据用户（家庭为主）密度考虑，覆盖范围为 2～4km，大中型城市终局容量在 2～5 万之间，不低于 1 万；小城市或县城城关，由于用户密度较低，OLT 终局容量太大将导致主干光缆距离太长、管孔资源紧张等问题，因此 OLT 终局容量适当放宽至 6000～20 000 之间，最小不低于 4000；农村地区主要考虑传送距离的限制，采用 FTTH 方式组网可能导致 OLT 节点大量增加，节点容量较小，PON 口利用率低等问题，因此农村地区应按照 PON 系统的最大传送距离进行规划，并灵活选择 FTTB、FTTH 等组网模式。

（4）下移的 OLT 节点应选择机房条件好、管道路由丰富的现有综合接入机房，原则上不应为 OLT 节点新建机房。

**4. 配线光缆规划原则**

（1）配线光缆拓扑以星树状结构为主，并采用递减方式配纤；对确有环形路由迂回的场景，可以采用环形结构、不递减方式配纤。

（2）对于新建设的配线光缆，应严格按照光节点分区管辖的原则，接入相应的主干光节点。

（3）根据配线区域内用户及业务分布情况、安全性要求、客观地理条件等因素，灵活采用多个配线光节点与单个主干光节点组网，或多个配线光节点与双主干光节点组网的拓扑结构。

（4）配线光缆的纤芯需求分为 3 类：公众用户纤芯需求、政企专线及基站业务纤芯需求、预留纤芯需求。规划时，以配线光节点为单位，测算每个配线光节点的上联配线光缆的纤芯需求。

**5. 主干光缆规划原则**

考虑到主干光节点对配线光缆的纤芯具有灵活调度的作用，主干光节点应对配线光缆的纤芯数作适当收敛。根据工程经验，建议主干光节点配置的主干纤芯数与配线纤芯数配比约为 1∶1.2。此外，规划为 OLT 节点的主干光节点，其配置的主干纤芯数应考虑 OLT 对 PON 接入用户的收敛情况，应作更大比例的收敛。

主干光缆是用户业务接入的汇聚层，其网络安全至关重要，应尽量采用环形网络结构，树形为辅。此外，规划时主干光缆一般不刻意成环，而是在路由条件定型的情况下顺势成环。

环形结构光缆的配纤方式建议采用环形不递减的共享纤＋独占纤方式配纤＋预留纤；树形结构光缆也应采用不递减方式配纤，当今后路由条件具备时，即可成环。

主干层光缆路由选择时，应结合城市道路规划、各种开发小区规划，避开近期可能改造的道路，光缆路由还应尽可能近地经过业务密集区。

# 8.2 FTTH 组网

## 8.2.1 组网概论

ODN 的组网应根据用户的分布情况及其属性和带宽需求、地理环境、管道等基础资源、现有光缆线路的容量和路由以及系统的传输距离,并从建网的经济性、网络的安全性和维护的便捷性等多方面综合考虑,选择合适的组网模式。ODN 的网络策划应在通信发展规划的基础上,综合考虑远期业务需求和网络技术发展趋势。ODN 的网络架构一般以树形为主,采用一级或二级分光方式,总体原则建议如下:

(1) ODN 的网络建设应在综合分析用户发展数量、地域和时间的基础上,选择不同的组网模式、光缆网的结构和路由及其配纤数量以及建筑方式等。

(2) 对于用户密度较高且相对比较集中的区域宜采用一级分光方式;对于用户密度不高且比较分散、覆盖范围较大的区域宜采用二级分光方式,同时对管道等基础资源比较缺乏的区域也宜采用二级分光方式。

(3) 覆盖公客和一般商业客户的光缆线路宜采用树形结构递减方式,以节省工程建设投资;接入商务楼宇或专线等对可靠性要求较高的用户应采用环形或总线形结构无递减方式,以满足光缆线路在物理路由上的保护,同时光缆的配纤方式应有利于减少光纤链路中的活动连接器数量。

(4) 光分路器的级联不应超过二级,级联后总的光分路比不得大于 PON 系统最大光分路比的要求。光分路器的具体设置位置需根据用户的分布情况而定,当用户数量较多规模相对集中时,光分路器应尽量靠近用户端;当用户数量比较少且分散时,光分路器可选择适当位置集中安装。

(5) 光分路比应综合考虑 ODN 的传输距离、PON 系统的内带宽分配来进行选择。同时应充分考虑每个 PON 口和光分路器的最大利用率,并根据用户分布密度及分布形式,选择最优化的光分路器组合方式和合适的安装位置。

(6) 入户光缆一般采用星形结构敷设入户,一般客户宜按每户 1 芯配置,对于重要用户或有特殊需求的客户可按每户 2 芯配置。

综合比较,采用一级分光方式的 ODN 网络,其结构简单、故障点少,相比二级分光方式可节省 0.5~1.0dB 的插入损耗,但组网需占用较多的光缆芯数,所需敷设的光缆容量较大,从而对区域内管道等基础设施的压力增加,建设成本也相对较高,此方式通常将光分路器设置在住宅小区或商务楼内的光缆汇聚点;从提高光缆资源利用率的角度出发,二级分光方式适用于用户较为分散的场合,同时对用户在一定区域内集中且用户需求较为明确的场合也可采用二级分光方式,以减少对光缆的占用,节省管道等基础资源,投资相对较省,此方式通常将第一级光分路器设置在住宅小区或商务楼内的光缆汇聚点,第二级光分路器设置于楼道内。

结合目前 PON 系统性能和用户带宽规划,并在保证 ODN 网络覆盖的用户在一定阶段内的业务发展需求,原则上 ODN 总的光分路比不大于 1∶64(EPON 系统采用 1000BASE-PX20＋光模块、GPON 系统采用 Class B＋光模块),并需控制 OLT 与 ONU 间的光缆距离。在用户规模较大,但光缆长度超出控制范围的情况下可以考虑将 OLT 下移,但在用户规模较小时可采用缩小光分路比的方法来延长传输距离,以及在需要提供高带宽业务的情况下采用缩小光分路比的方法来提高接入带宽。

## 8.2.2　已建住宅建筑举例

在采用 FTTH 方式对已建住宅小区或住宅建筑内的用户进行宽带提速改造中,ODN 的建设是重点和难点。由于已建住宅建筑内的通信配套设施资源不足或无法使用,不同类型住宅建筑物及其楼层、楼道中的环境比较复杂,ODN 的建设需具备便于实现、维护方便、对环境影响较少等特点。

### 1. 已建高层住宅

高层住宅建筑的形态比较丰富,用户规模差异较大,楼内可利用的通信配套设施也不同,因此,ODN 应根据建筑物的结构、用户分布情况以及近、远期用户需求选用一级分光或二级分光方式进行改造。

(1) 一级分光方式

在高层住宅每个单元楼内的住户数大于 50 户时,可采用一级分光方式,即在每个单元楼内设置一只光缆配纤设备,初期在里面配置一个光分路器,日后随着用户需求的增加,通过逐步增加光分路器的数量来实现端口的扩容,配置的光分路器一般采用 1∶64。

为便于入户光缆的敷设和维修,避免过多的入户光缆集中到一只箱体内,在每间隔 5～6 个楼层安装一只光缆分纤盒,一般覆盖 10～24 户,并根据覆盖的用户数从单元楼内的光缆配纤设备敷设楼内光缆至光缆分纤盒,每只光缆分纤盒的配纤容量为 12 或 24 芯。网络架构如图 8.5 所示。

光缆配纤设备的上联光缆容量应按业务终期时光分路器的安装数量来配置,并预留 2～4 芯备用纤芯,整个小区内的光缆应在满足需求的容量下一次性敷设。

(2) 二级分光方式

在住宅小区内的光缆汇聚点设立光缆交接/配纤设备,并在里面配置一级光分路器;将每幢高层住宅单元楼划分为若干个配纤区,一般每个配纤区为 5～6 个楼层,覆盖 10～24 户,在每个配纤区的中心楼层位置安装一只光缆分光分纤盒,并在里面配置第二级光分路器。一级光分路器的分光比应按二级光分路器的分光比配置,但总分光比不应大于 1∶64。网络架构如图 8.6 所示。

设置一级光分路器的光缆交接/配纤设备,其上联光缆容量应满足一级光分路器终期需求数量,并预留 20%左右的备用纤芯;设置二级光分路器的光缆分光分纤盒,

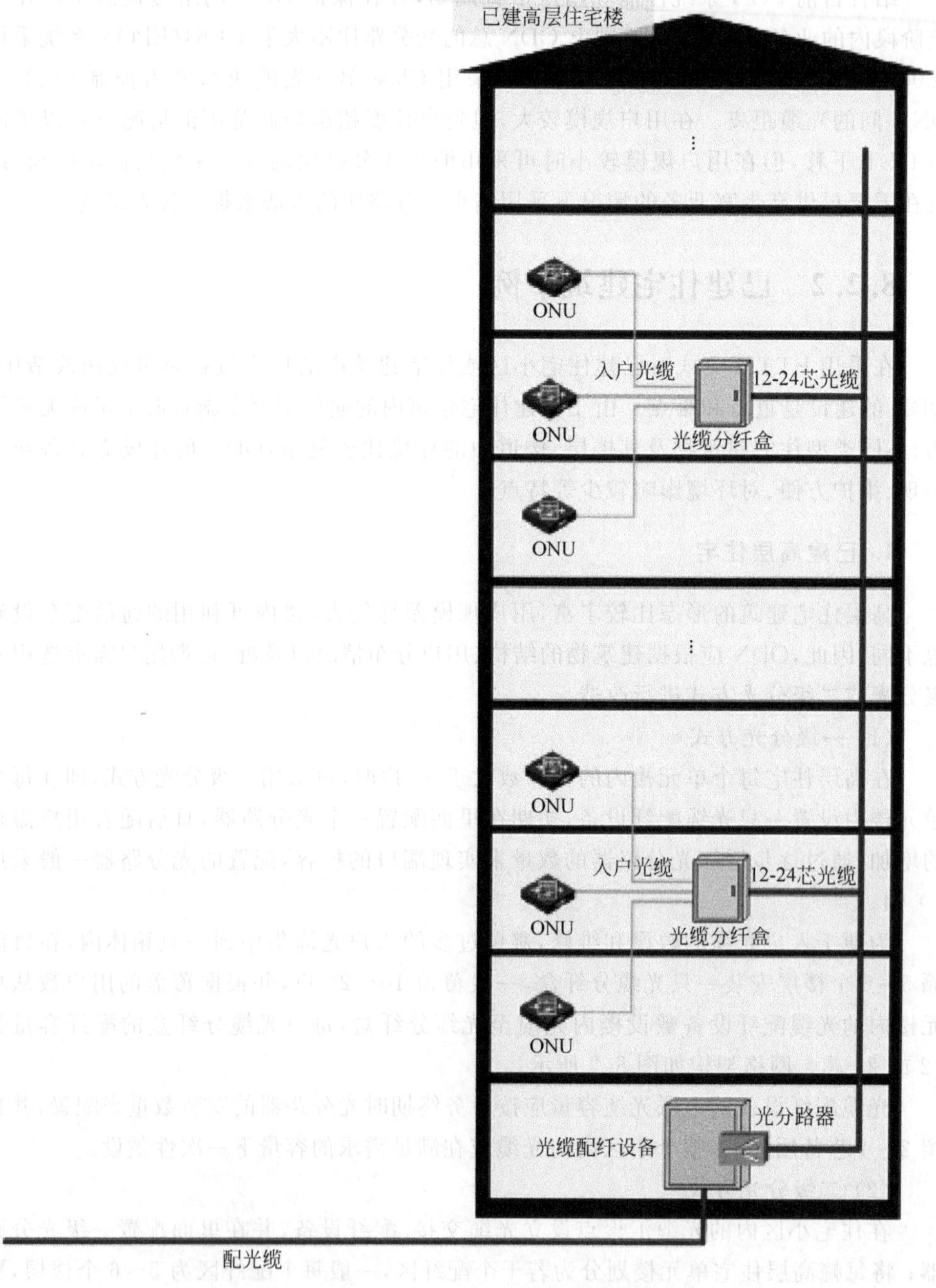

图 8.5 已建高层住宅一级分光方式网络架构图

其上联光缆容量应按业务终期时光分路器的安装数量来配置,并预留至少 1 芯备用光纤,整个小区内的光缆应在满足需求的容量下一次性敷设。

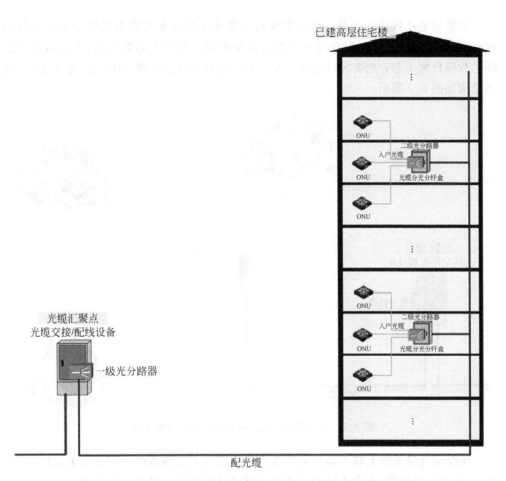

图 8.6 已建高层住宅二级分光方式网络架构图

### 2. 已建别墅住宅

别墅类住宅建筑可分为单体和联体,一般别墅住宅小区内住宅套数不会太多且建筑物较为分散,而且较难设立二级分光点。因此,已建别墅类住宅小区如能一次性敷设光缆入户进行 FTTH 改造的,建议采用一级分光方式;如无法进行一次性改造的或当用户需求不明确时,建议采用二级分光方式。

(1) 一级分光方式是指中、小规模的别墅住宅小区宜将光分路器集中安装在小区光纤汇聚点的光缆交接/配纤设备内;较大规模的别墅住宅小区应根据建筑物的分布情况,分区域设立光纤汇聚点,并将光分路器分散安装在光纤汇聚点的光缆交接/配纤设备内。初期在各光缆交接/配纤设备内配置一个光分路器,日后随着用户需求的增加,通过逐步增加光分路器的数量来实现端口的扩容,配置的光分路器一般采用 1:64。

别墅住宅小区内的光缆一般以光缆接头盒或光缆接头箱作为光缆分支及容量的递减点。即从光缆交接/配纤设备至光缆容量递减点使用大芯数光缆,大芯数光缆的纤芯数每户配 1 芯;光缆容量递减点至每户宅内敷设 2 芯光缆(用 1 芯、备 1 芯)。网络架构如图 8.7 所示。

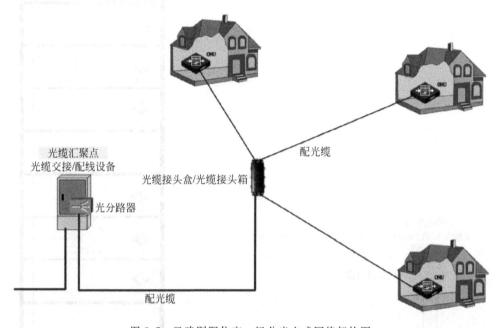

图 8.7　已建别墅住宅一级分光方式网络架构图

光缆配纤设备的上联光缆容量应按业务终期时光分路器的安装数量来配置,并预留 2～4 芯备用纤芯,整个小区内的光缆应在满足需求的容量下一次性敷设。

(2) 二级分光方式是指在别墅住宅小区内的光缆汇聚点设立光缆交接/配纤设备,并在里面配置一级光分路器;综合考虑用户终期容量需求、小区内管道资源和路由、别墅建筑分布等情况,分区域设立光缆分光分纤盒,并在里面配置第二级光分路器。每只光缆分光分纤盒覆盖的用户数一般不超过 15 户。一级光分路器的分光比应按二级光分路器的分光比配置,但总分光比不应大于 1∶64。网络架构如图 8.8所示:

设置一级光分路器的光缆交接/配纤设备,其上联光缆容量应满足一级光分路器终期需求数量,并预留 20％左右的备用纤芯;设置二级光分路器的光缆分光分纤盒,其上联光缆容量应按业务终期时光分路器的安装数量来配置,并预留至少 1 芯备用光纤。除二级分光点至用户宅内,整个小区内的光缆应在满足需求的容量下一次性敷设。

初期光分路器端口的配置数量应根据业务发展需求而定,当用户业务需求不明确时,可按照区域内住宅套数的 30％～50％进行配置。

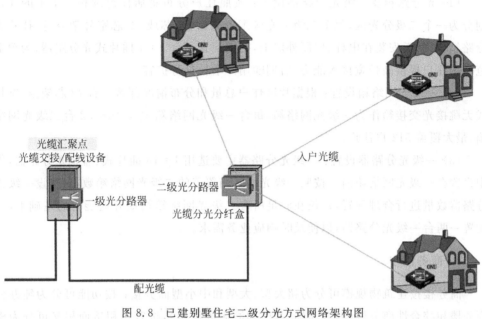

图 8.8　已建别墅住宅二级分光方式网络架构图

### 3. 农村

农村区域指未经统一规划建设,由农村住户依据地形、宅基地分布自行建设的,不具备水平、垂直弱电通道,主要采用架空、墙壁等方式明布入户光缆的低端住宅(包括农村、城郊接合部居民自建住房,社会主义新农村统规自建住房)。

ODN 组网原则:农村区域应采用二级分光,一级光分路器集中放置、二级光分路器分散放置的组网模式,原则上首选 16×4 模式,对于部分接入距离较长的区域,可采用 8×4 模式,ODN 组网方式如图 8.9 所示。

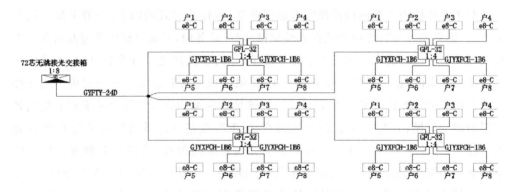

图 8.9　农村区域 ODN 组网示意图

　　(1) 光分路箱及二级光分路器设置：按照住户分布将居住范围相对集中的住户划分为一个二级分光区，每个二级分光区配置一台 16 芯或 32 芯室外架空/壁挂式光分路箱，可就近安装在电杆、房屋外墙上，初期配置一台 1∶4 插片式光分路器，为覆盖范围内住户提供高带宽接入能力，后期随用户增长进行扩容。

　　(2) 一级光网络箱设置：根据片区住户总量和分布情况部署一台 72 芯架空/壁挂式无跳接光交接箱作为一级光网络箱，每台一级光网络箱覆盖 16～32 台二级光网络箱，最大覆盖 512 户住户。

　　(3) 一级光分路器设置：一级光分路器主要选用 1∶16 插片式、盒式光分路器，集中设置在一级光网络箱内。按照一级光网络箱覆盖的二级光网络箱数，对初设一级光分路器数量进行合理配置，建议在满足所有二级光网络箱初期开通能力的基础上，多配置一两台一级光分路器，以便及时响应业务需求。

### 4. 商务楼宇

　　商务楼按建筑物规模可分为超大型、大型和中小型商务楼；按功能可分为纯办公商务楼和综合性商务楼(内含商场、餐厅和酒店等设施)，按客户租赁面积又可分为楼层型和聚类型商务楼。客户数量的不确定性和流动性是商务楼内业务的主要特征。归纳商务楼内客户的业务对光网络建设的主要需求可分为两大类：点对点光纤的专线类业务(基于多业务接入平台 MSAP 的接入、租纤业务等)和点对多点光纤(基于 PON 技术)的宽带上网类业务。因此，商务楼宇的光网络建设，应能保证快速提供上述业务的接入能力。

　　商务楼内原则上应设立一个或多个光缆交接/配纤设备，大、中型商务楼内的光缆交接/配纤设备应接入环形结构的用户主干光缆；小型商务楼内的光缆交接/配纤设备其上联光缆也应尽量实现双路由保护。

　　对于商务楼内光缆网的建设应考虑多业务，多接入方式的需求，一般采取一级分光方式，即将光分路器集中安装在光缆交接/配纤设备内，并通过楼内光缆及引入光缆接入用户。对已完成光缆网覆盖的商务楼宇，如由于已建光缆纤芯数过少，不能满足用户接入需求时，也可采用二级分光方式，将第二级光分路器安装在楼层内。商务楼内光分路器的分光比一般不大于 1∶32，以满足高带宽的接入。综合考虑商务楼内各楼层的建筑规模、分割布局情况，从光缆交接/配纤设备通过垂直竖井或管孔敷设光缆至楼层，并安装光缆分纤盒。为了便于引入光缆的敷设，建议聚类型商务楼每楼层安装一个光缆分纤盒；楼层型商务楼每间隔两三个楼层安装一个光缆分纤盒，各光缆分纤盒的配纤容量可根据预估业务终期时的需求配置。网络架构如图 8.10 所示。

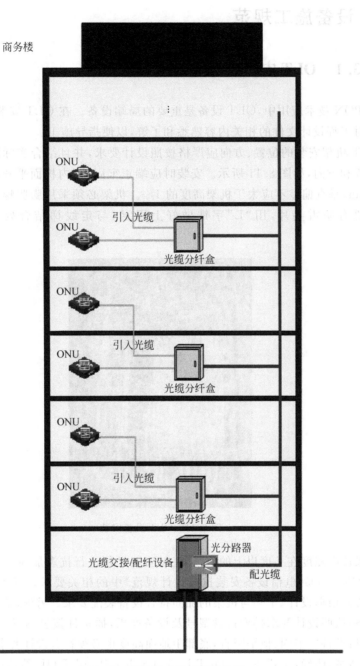

图 8.10 商务楼内光缆网架构图

## 8.3 设备施工规范

### 8.3.1 OLT 安装施工

在 PON 技术应用中,OLT 设备是重要的局端设备。在 OLT 安装施工中需要施工人员对工程设计文件的相关内容熟悉和了解,以便指导施工。

OLT 机架安装的位置、方向应严格按照设计要求,并且结合实际情况,安装于合适的位置和方向,如图 8.11 所示。安装时应端正牢固,列内机面平齐,机架间隙不得大于 3mm,垂直偏差不应大于机架高度的 1‰。机架必须采用膨胀螺栓对地加固,机架底部要有防雷垫片,用"L"字铁做好上固定(与走线梯结合处也需要使用防雷垫片)。

图 8.11 OLT 设备安装

如果抗震烈度在 7 度以上的地区,机架安装必须进行抗震加固,其加固方式应符合 YD5059—2005《电信设备安装抗震设计规范》中的相关要求。对于子架在机架中安装位置需根据设计,子架与机架的加固符合设备装配要求。另外,子架安装应牢固、排列整齐,依照设计要求排列机盘型号及设备面板,插接件接触良好。对于壁挂式设备,安装后设备应牢固、横平竖直,底部距地面高度也必须符合设计要求。机架标识做到统一、清楚、明确,位置适当。OLT 设备对于电源线、尾纤和网线需按照规范布放,电源线在设备端要求使用热缩管保护,尾纤在机架内必须用缠绕管缠绕,盘留曲率半径应大于 30mm,网线做好水晶头后必须用五类线对线器测试。最后,安装完毕要保持机架内外整洁。

OLT 安装施工必须严格按照设计要求,同时也需要结合实际情况,合理地做出调整。

## 8.3.2 ODF以及交换箱的安装施工

ODF(光纤配线架)用于光纤通信系统中局端主干光缆的成端和分配,可方便地实现光纤线路的连接、分配和调度。

ODF架的安装施工过程中需要满足以下几点要求:

(1)根据ODF架设计要求确定安装位置和朝向,安装时垂直偏差应不大于机架高度的1‰;

(2)相邻机架应紧密靠拢,机架间隙应小于3mm;列内机面平齐,无明显凹凸。

ODF架的光纤连接线敷设需遵循以下要求:

(1)根据设计文件选择光纤连接线的型号规格,余长不宜超过1m;

(2)光纤连接线在布放的时候应整齐,架内与架间应分别走线;

(3)光纤连接线的静态曲率半径应不小于30mm。

ODF架外壳设备保护地应采用16mm$^2$以上的多股铜电线,接到机房设备专用地排;光缆的加强芯与金属屏蔽层的接地线先汇接到ODF架内专用防雷地排后,再采用16mm$^2$以上的多股铜电线接到机房ODF专用地排;机房ODF专用地排与机房设备专用地排必须分开,最后才汇接到机房总地排。

光交箱地基基础应夯实,墙体砌筑符合建筑规范要求,回填土应夯实无塌陷。墙体及底座砌筑高度应符合设计要求,抹灰表面光滑,无破损、开裂情况,其抹灰强度应符合标准。光交箱地角螺丝稳固,底座和光交箱有机结合平整,并作防水、防腐处理。箱体安装后的垂直度偏差不大于3mm,底座外沿距光交箱箱体大于150mm,底座高度距离地面300mm。

按设计安装接地体,接地体用2根孔径60mm、长1700cm镀锌钢管,并用40×4接地扁钢与接地体焊接打入地下,扁钢长度以满足接地阻值和地理实际确定。用大于10mm$^2$多股软铜线分别与扁钢和箱体按地点连接,其接地阻值不大于5Ω。

安装完毕后保证光交箱门锁正常开启,门不可变形,施工完毕后及时上交光交箱全部钥匙。光缆布放时接地必须可靠,安装牢固。纤芯必须增加保护管,光缆标签准确,标牌内容为二行:第一行起始方向,第二行为光缆芯数,多条光缆时标牌应错开,绑扎整齐。标签大小适宜,粘贴牢固。光交箱采用2m长尾纤,排列整齐,多余部分盘放在盘纤盘内,不可交叉,层次分明。

最后,安装完毕后的光交箱整洁无破损、脱皮、生锈、凹陷等外观问题。

## 8.3.3 光分路器箱施工

需要使用到的工具有:熔纤机、酒精、功率计、无水乙醇、OTDR测试仪、尾纤、剖线钳、光纤切割刀、斜口钳、水平尺、冲击钻、螺丝刀、波纹管、黄色胶布、黑色胶布、软塑带、戒子刀、防火泥、铁皮钳、光功率计、笔式红光源等。

箱体安装之前需要对安装环境进行检查,并且挂墙安装时,选择的环境和安装位置有一定要求,总结如下:

(1)光缆分纤箱,光分路箱的安装地点需根据设计文件施工。一般在楼宇内尽量选择物业设备间、车库、楼道、竖井、走廊等合适地点安装。

(2)在安装光缆分纤箱、光分路箱时,需考虑好接下来光缆敷设的便利。特别是"薄覆盖"项目,需考虑二次施工时蝶形光缆如何布放入户。

(3)以下位置不宜挂墙安装:①不稳固的、年久失修的墙壁。②装饰外墙、女儿墙等非承重墙。③临时设施的外墙。④影响市容市貌、影响行人交通以及其他不宜挂墙的位置。⑤空间狭窄不利于打开箱门、维护操作的弱电竖井。

(4)在实际安装位置周围还要注意,设计文件要求安装箱体位置的上方是否有水管等存在漏水的隐患,是否有高压线经过,是否容易阻碍行人通过等。

(5)户内安装光缆分纤箱/盒、光分路箱/框时,要求箱/框底部距地面高度宜为1.2~2.5m,具体结合现场情况。

(6)户外安装光缆分纤箱/盒、光分路箱/框时,要求箱/框底部距地面高度宜为2.8~3.2m,具体结合现场情况。

(7)竖井中安装光缆分纤箱/盒、光分路箱/框时,要求箱/框底部距地面高度宜为1.0~1.5m,具体结合现场情况。

(8)如果发现设计文件中安装位置存在问题,要及时通知监理单位或建设主管,不要盲目施工。

箱体安装位置需要符合设计要求,并且结合实际情况进行安装;箱体安装需用水平尺定位,利用箱体配件固定箱体,安装完毕之后,箱体必须达到稳固和水平的要求。

室内安装的时候,光缆可以选择从箱体的上方进入,并在箱体的上方盘留3~5m,固定后套波纹管保护。

室外安装的时候,光缆必须从箱体的下方进入,并且在箱体的左上方或者右上方盘留3~5m,固定后套波纹管保护,光缆在箱体的下方形成一个较大弧度的滴水弯,以防止雨水顺着光缆进入箱体。

最后在光缆进入箱体后,在光缆固定位缠绕多圈胶布并箍紧,在光缆的入孔处封堵防火泥。

# 8.4 线缆布放

在 FTTH 工程建设中,光缆布放质量直接影响到项目交付的质量。本节除传统光缆施工规范如管道、直埋、架空光缆外,最重要的是介绍了楼道光缆布放规范内容。

## 8.4.1 管道光缆的敷设

管道光缆施工在城市中较为常见,在施工前,需带齐设计图纸及根据规范做好安全防护措施,严格按照图纸施工,如需在管道中布放蝶形光缆,宜采用有防潮层的管道型蝶形引入光缆,并加强保护,如图 8.12 所示。在施工中还需遵循要求如下:

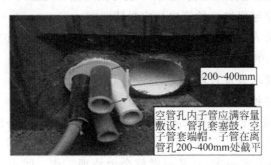

200~400mm

空管孔内子管应满容量敷设,管孔套塞鼓,空子管套端帽,子管在离管孔200~400mm处截平

图 8.12 子管施工

(1) 在孔径 90mm 及以上的水泥管道、钢管或塑料管道内,在条件允许的情况下,应根据设计规定在两人(手)孔间一次性敷设 3 根或 3 根以上的子管。

(2) 子管不得跨人(手)孔敷设,子管在管道内不得有接头。

(3) 子管在人(手)孔内伸出长度一般为 200~400mm;本期工程不用的管孔及子管管孔应及时按照设计要求安装塞子封堵。

(4) 光缆在各类管材中穿放时,管材的内径应不小于光缆外径的 1.5 倍。

(5) 人工敷设光缆不得超过 1000m。光缆气流敷设单向一般不超过 2000m。

(6) 敷设后的光缆应平直、无扭转、无交叉,无明显刮痕和损伤。敷设后应按设计要求做好固定。

(7) 光缆出管孔 150mm 以内不得做弯曲处理。

(8) 光缆占用的子管或硅芯管应用专用堵头封堵管口。

(9) 光缆接头处两侧光缆布放预留的重叠长度应符合设计要求。接续完成后,光缆余长应在人孔内按设计要求盘放并固定整齐。

(10) 管道光缆根据接入需要,按设计要求进行中间人孔预留。

## 8.4.2 埋式光缆的敷设

直埋光缆埋深应满足通信光缆线路工程设计要求的有关规定;光缆在沟底应自然平铺状态,不得有绷紧腾空现象;人工挖掘的沟底宽度宜为 400mm。

同时,埋地光缆敷设还应符合以下要求:

(1) 直埋光缆的曲率半径应大于光缆外径的 20 倍。

(2) 光缆可同其他通信光缆或电缆同沟敷设,同沟敷设时应平行排列,不得重叠或交叉,缆间的平行净距应大于等于 100mm。

(3)光缆在地形起伏较大的地段(如山地、梯田、干沟等处)敷设时,应满足规定的埋深和曲率半径的要求。

(4)在坡度大于 20°,坡长大于 30m 的斜坡地段宜采用 S 形敷设。坡面上的光缆沟有受到水流冲刷的可能时,应采取堵塞加固或分流等措施。在坡度大于 30°的较长斜坡地段敷设时,宜采用特殊结构光缆(一般为钢丝铠装光缆)。

(5)直埋光缆穿越保护管的管口处应封堵严密。

(6)直埋光缆进入人(手)孔处应设置保护管。光缆铠装保护层应延伸至人孔内距第一个支撑点约 100mm 处。

(7)应按设计要求装置直埋光缆的各种标志。

(8)直埋光缆穿越障碍物时的保护措施应符合设计要求。

在光缆放入沟底后回填土时,应先填细土,后填普通土,小心操作,不得损伤沟内光缆及其他管线。市区或市郊埋设的光缆在回填 300mm 细土后,盖红砖保护。每回填土约 300mm 处应夯实一次,并及时做好余土清理工作。回土夯实后的光缆沟,在车行路面或地砖人行道上应与路面平齐,回填土在路面修复前不得有凹陷现象。土路可高出路面 50～100mm,郊区大地可高出 150mm 左右。

需要用到路面微槽光缆时,光缆沟槽应切割平直,开槽宽度应根据敷设光缆的外径确定,一般应小于 20mm;槽道内最上层光缆顶部距路面高度宜大于 80mm,槽道总深度宜小于路面厚度的 2/3;光缆沟槽的沟底应平整、无硬坎(台阶),不应有碎石等杂物;沟槽的转角角度应满足光缆敷设后的曲率半径要求。同时,还需要遵循下列要求:

(1)在敷设光缆前,宜在沟槽底部铺 10mm 厚细砂或铺放一根直径与沟槽宽度相近的泡沫条作缓冲。

(2)光缆放入沟槽后,应根据路面恢复材料特性的不同,在光缆的上方放置缓冲保护材料。

(3)路面的恢复应符合道路主管部门的要求,修复后的路面结构应满足相应路段服务功能的要求。

## 8.4.3 楼道墙壁光缆的敷设

墙壁光缆敷设多用于城镇区域光缆建设,由于位于居民区和工厂区内,对居民影响较大,所以经常会发生受阻或协调的情况,对施工质量要求较高,施工单位在施工时应符合下列规定:

(1)不宜在墙壁上敷设铠装或油麻光缆。

(2)墙壁光缆离地面高度应大于等于 3m,跨越街坊、院内通路等应采用钢绞线吊挂。

如设计要求在楼道中预埋线槽或暗管,应符合下列规定:

（1）敷设线槽和暗管的两端宜用标志表示出编号等内容。

（2）如果是电信自建线槽，需要在线槽表面喷上电信标识。

（3）预埋线槽宜采用金属线槽，预埋或密封线槽的截面利用率应为30%～50%。

（4）敷设暗管宜采用钢管或阻燃聚氯乙烯硬质管。布放4芯以上光缆时，直线管道的管径利用率应为50%～60%，弯管道应为40%～50%。暗管布放4芯及以下光缆时，管道的截面利用率应为25%～30%。

在线槽中布放光缆时，应自然平直，不得产生扭绞、打圈、接头等现象，光缆敷设不允许超过最大的光缆拉伸力和压扁力，在布放过程中，光缆外护层不应有明显损伤。2芯或4芯水平光缆的弯曲半径应大于25mm；其他芯数的水平光缆、主干光缆和室外光缆的弯曲半径应至少为光缆外径的10倍。

楼道光缆不宜与电力电缆交越，若无法满足时，必须采取相应的保护措施如套保护管等。不得布放在电梯或供水、供气、供暖管道竖井特别是强电竖井中。

# 8.5 光缆施工

## 8.5.1 光缆施工过程

光缆施工大致分为以下几步：准备→路由工程→光缆敷设→光缆接续→工程验收。

### 1. 准备工作

（1）检查设计资料、原材料、施工工具和器材是否齐全。

（2）组建一高素质的施工队伍。这一点至关重要，因为光纤施工比电缆施工要求要严格得多，任何施工中的疏忽都将可能造成光纤损耗增大，甚至断芯。

### 2. 路由工程

（1）光缆敷设前首先要对光缆经过的路由做认真勘查，了解当地道路建设和规划，尽量避开坑塘、打麦场、加油站等这些潜在的隐患。路由确定后，对其长度做实际测量，精确到50m之内。还要加上布放时的自然弯曲和各种预留长度，各种预留还包括插入孔内弯曲、杆上预留、接头两端预留、水平面弧度增加等其他特殊预留。为了使光缆在发生断裂时再接续，应在每百米处留有一定裕量，裕量长度一般为光缆长度的5%～10%，根据实际需要的长度订购，并在绕盘时注明。

（2）画路径施工图。在预先栽好的电杆上编号，画出路径施工图，并说明每根电杆或地下管道出口电杆的号码以及管道长度，并定出需要留出裕量的长度和位置。这样可有效地利用光缆的长度，合理配置，使熔接点尽量减少。

（3）两根光纤接头处最好安设在地势平坦、地质稳固的地点，避开水塘、河流、沟渠及道路,最好设在电杆或管道出口处,架空光缆接头应落在电杆旁 0.5～1m 处,这一工作称为"配盘",合理的配盘可以减少熔接点。另外在施工图上还应说明熔接点位置,当光缆发生断点时,便于迅速用仪器找到断点进行维修。

### 3. 光缆敷设

(1) 同一批次的光纤,其模场直径基本相同,光纤在某点断开后,两端间的模场可视为一致,因而在此断开点熔接可使模场直径对光纤熔接损耗的影响降到最低程度。所以要求光缆生产厂家用同一批次的裸纤,按要求的光缆长度连续生产,在每盘上顺序编号,并分别标明 A(红色)、B(绿色)端,不得跳号。架设光缆时需按编号沿确定的路由顺序布放,并保证前盘光缆的 B 端要和后一盘光缆的 A 端相连,从而保证接续时两光纤端面模场直径基本相同,使熔接损耗值达到最小。

(2) 架空光缆可用 72.2mm 的镀锌钢绞线作悬挂光缆的吊线。吊线与光缆要良好接地,要有防雷、防电措施,并有防震、防风的机械性能。架空吊线与电力线的水平与垂直距离要 2m 以上,离地面最小高度为 5m,离房顶最小距离为 1.5m。架空光缆的挂式有 3 种:吊线托挂式、吊线缠绕式与自承式。自承式不用钢绞吊线,光缆下垂,承受风荷力较差,因此常用吊挂式。

(3) 架空光缆布放。由于光缆的卷盘长度比电缆长得多,长度可能达几千米,故受到允许的额定拉力和弯曲半径的限制,在施工中特别注意不能猛拉和发生扭结现象。一般光缆可允许的拉力为 150～200kg,光缆转弯时弯曲半径应大于或等于光缆外径的 10～15 倍,施工布放时弯曲半径应大于或等于 20 倍。为了避免由于光缆放置于路段中间,离电杆约 20m 处向两反方向架设,先架设前半卷,在把后半卷光缆从盘上放下来,按"8"字形方式放在地上,然后布放。

(4) 在光缆布放时,严禁光缆打小圈及折扭曲,并要配备一定数量的对讲机,"前走后跟,光缆上肩"的放缆方法,能够有效地防止背扣的发生,还要注意用力均匀,牵引力不超过光缆允许的 80%,瞬间最大牵引力不超过 100%。另外,架设时,在光缆的转弯处或地形较复杂处应有专人负责,严禁车辆碾压。架空布放光缆使用滑轮车,在架杆和吊线上预先挂好滑轮(一般每 10～20m 挂一个滑轮),在光缆引上滑轮、引下滑轮处减少垂度,减小所受张力。然后在滑轮间穿好牵引绳,牵引绳系住光缆的牵引头,用一定牵引力让光缆爬上架杆,吊挂在吊线上。光缆挂钩的间距为 40cm,挂钩在吊线上的搭扣方向要一致,每根电杆处要有凸型滴水沟,每盘光缆在接头处应留有杆长加 3m 的余量,以便接续盒地面熔接操作,并且每隔几百米要有一定的盘留。

### 4. 光缆接续

常见的光缆有层绞式、骨架式和中心束管式光缆,纤芯的颜色按顺序分为本、橙、绿、棕、灰、白、黑、红、黄、紫、粉红、青绿,这称为纤芯颜色的全色谱,有些光缆厂家用"蓝"替换色谱中的某颜色。多芯光缆把不同颜色的光纤放在同一束管中成为一组,这样一根多芯光缆里就可能有好几个束管。正对光缆横截面,把红束管看作光缆的第一束管,顺时针依次为白一、白二、白三……最后一根是绿束管。光纤接续,应遵循的原则是:芯数相等时,相同束管内的对应色光纤对接,芯数不同时,按顺序先接芯数大的,再接芯数小的。

## 8.5.2　光纤工程的熔接与测试

### 1. 光纤接续

(1) 光纤接续。光纤接续应遵循的原则是:芯数相等时,同束管内的对应色光纤对接,芯数不同时,按顺序先接芯数大的,再接芯数小的。

(2) 光纤接续的方法有熔接、活动连接、机械连接3种。在工程中大都采用熔接法。采用这种熔接方法的接点损耗小,反射损耗大,可靠性高。

(3) 光纤接续的过程和步骤:①开剥光缆,并将光缆固定到接续盒内。注意不要伤到束管,开剥长度取1m左右,用卫生纸将油膏擦拭干净,将光缆穿入接续盒,固定钢丝时一定要压紧,不能有松动。否则,有可能造成光缆打滚折断纤芯。②分纤将光纤穿过热缩管。将不同束管,不同颜色的光纤分开,穿过热缩管。剥去涂覆层的光纤很脆弱,使用热缩管,可以保护光纤熔接头。③打开古河S176熔接机电源,采用预置的42种程式进行熔接,并在使用中和使用后及时去除熔接机中的灰尘,特别是夹具,各镜面和V型槽内的粉尘和光纤碎末。CATV使用的光纤有常规型单模光纤和色散位移单模光纤,工作波长也有1310nm和1550nm两种。所以,熔接前要根据系统使用的光纤和工作波长来选择合适的熔接程序。如没有特殊情况,一般都选用自动熔接程序。④制作光纤端面。光纤端面制作的好坏将直接影响接续质量,所以在熔接前一定要做好合格的端面。用专用的剥线钳剥去涂覆层,再用沾酒精的清洁棉在裸纤上擦拭几次,用力要适度,然后用精密光纤切割刀切割光纤,对0.25mm(外涂层)光纤,切割长度为8~16mm,对0.9mm(外涂层)光纤,切割长度只能是16mm。⑤放置光纤。将光纤放在熔接机的V形槽中,小心压上光纤压板和光纤夹具,要根据光纤切割长度设置光纤在压板中的位置,关上防风罩,即可自动完成熔接,只需11秒。⑥移出光纤用加热炉加热热缩管。打开防风罩,把光纤从熔接机上取出,再将热缩管放在裸纤中心,放到加热炉中加热。加热器可使用20mm微型热缩套管和40mm及60mm一般热缩套管,20mm热缩管需40s,60mm热缩管为85s。⑦盘纤固定。将接续好的光纤盘到光纤收容盘上,在盘纤时,盘圈的半径越大,弧度越大,整个线路的损耗越小。所以一定要保持一定的半径,使激光在纤芯里传输时,避免产生一些不必要的损耗。⑧密封和挂起。野外接续盒一定要密封好,防止进水。熔接盒进水后,由于光纤及光纤熔接点长期浸泡在水中,可能会出现部分光纤衰减增加。套上不锈钢挂钩并挂在吊线上。至此,光纤熔接完成。

### 2. 光纤测试

光纤在架设、熔接完工后就是测试工作,使用的仪器主要是OTDR测试仪,用加拿大 EXFO 公司的 FTB-100B 便携式中文彩色触摸屏 OTDR 测试仪(动态范围有 32/31db、37.5/35db、40/38db、45/43db),可以测试:光纤断点的位置,光纤链路的全程损耗,了解沿光纤长度的损耗分布,光纤接续点的接头损耗。为了测试准确,OTDR 测试仪的脉冲大小和宽度要适当选择,按照厂方给出的折射率 n 值的指标设定。在判断故障点时,如果光缆长度预先不知道,可先放在自动 OTDR,找出故障点的大体地点,然后放在高级 OTDR。将脉冲大小和宽度选择小一点,但要与光缆长度相对应,盲区减小直至与坐标线重合,脉宽越小越精确,当然脉冲太小后曲线显示出现噪波,要恰到好处。再就是加接探纤盘,目的是为了防止近处有盲区不易发觉。关于判断断点时,如果断点不在接续盒处,将就近处接续盒打开,接上 OTDR 测试仪,测试故障点距离测试点的准确距离,利用光缆上的米标就很容易找出故障点。利用米标查找故障时,对层绞式光缆还有一个绞合率问题,那就是光缆的长度和光纤的长度并不相等,光纤的长度大约是光缆长度的 1.005 倍,利用上述方法可成功排除多处断点和高损耗点。

## 8.5.3  光缆敷设

### 1. 架空光缆敷设要求

(1) 架空光缆在平地敷设时,使用挂钩吊挂;山地或陡坡敷设光缆,使用绑扎方式敷设;光缆接头应选择易于维护的直线杆位置,预留光缆用预留支架固定在电杆上。

(2) 架空杆路的光缆每隔 3～5 档杆要求作 U 型伸缩弯,大约每 1km 预留 15m。

(3) 引上架空(墙壁)光缆用镀锌钢管保护,管口用防火泥堵塞。

(4) 架空光缆每隔 4 档杆左右及跨路、跨河、跨桥等特殊地段应悬挂光缆警示标志牌。

(5) 空吊线与电力线交叉处应增加三叉保护管保护,每端伸长不得小于 1m。

(6) 近公路边的电杆拉线应套包发光棒,长度为 2m。

(7) 为防止吊线感应电流伤人,每处电杆拉线要求与吊线电气连接,各拉线位应安装拉线式地线,要求吊线直接用衬环接续,在终端直接接地。

### 2. 管道光缆敷设要求

(1) 光缆敷设前管孔内穿放子孔,光缆选 1 孔同色子管始终穿放,空余所有子管管口应加塞子保护。

(2) 按人工敷设方式考虑,为了减少光缆接头损耗,管道光缆应采用整盘敷设。

(3) 为了减少布放时的牵引力,整盘光缆应由中间分别向两边布放,并在每个人孔安排人员作中间辅助牵引。

(4) 光缆穿放的孔位应符合设计图纸要求,敷设管道光缆之前必须清刷管孔,子孔在人手孔中的余长应露出管孔约 15cm。

（5）手孔内子管与塑料纺织网管接口用 PVC 胶带缠扎，以避免泥沙渗入。

（6）光缆在人（手）孔内安装，如果手孔内有托板，光缆在托板上固定，如果没有托板则将光缆固定在膨胀螺栓上，膨胀螺栓要求钩口向下。

（7）光缆出管孔 15cm 以内不应作弯曲处理。

（8）每个手孔内及机房光缆和 ODF 架上，均采用塑料标志牌以示区别。

**3．墙壁光缆敷设要求**

（1）除地下光缆引上部分外，严禁在墙壁上敷设铠装或油麻光缆。

（2）跨越街坊或院内通道时，其缆线最低点距地面应不小于 4.5m。

（3）吊线程式采用 7/2.2、7/2.6，支撑间距为 8～10m，终端固定与第一只中间支撑间距应不大于 5m。

（4）吊线在墙壁上水平或垂直敷设时，其终端固定、吊线中间支撑应符合《本地网通信线路工程验收规范》。

（5）钉固螺丝必须在光缆的同一侧，光缆不宜以卡钩式沿墙敷设；不可避免时，应在光缆上加套子管予以保护；光缆沿室内楼层凸出墙面的吊线敷设时，卡钩距离为 1m。

**4．局内光缆敷设要求**

（1）局内光缆在经由走线架、拐弯点（前、后）应予绑扎，垂直上升段应分段（段长不大于 1m）绑扎，上下走道或墙壁应每隔 50cm 用 2～3 圈绑扎，绑扎部位应垫胶管，避免受到侧压力。

（2）局内光缆不改变程式时，采用 PVC 阻燃胶带包扎作防火处理，进线孔洞要求用防火泥堵塞。

（3）ODF 架端子板上应清楚注明各端子的局向和序号。

（4）局内光缆预留盘圈绑扎固定在走线架或墙壁上，基站光缆可预留在基站外的终端杆上。

（5）局内光缆一般从局前手井经地下进线室引至光传输设备。局内光缆应挂按相关规定制作的标识牌以便识别。

（6）光缆在进线室内应选择安全的位置，当处于易受外界损伤的位置时，应采取保护措施。

（7）局内光缆应布放整齐美观，沿上线井布放的光缆应绑扎在上线加固横铁上。

（8）按规定预留在设备侧的光缆，可以留在传输设备机房或进线室。有特殊要求预留的光缆，应按设计要求留足。

（9）光缆引入局站后应堵塞进线管孔，不得渗水、漏水。

**5．光缆终端要求**

（1）应根据规定或设计要求留足预留光缆。

217

（2）在设备机房的光缆终端接头安装位置应稳定安全，远离热源。

（3）成端光缆和自光缆终端接头引出的单芯软光纤应按照 ODF 的说明书进行。

（4）走线按设计要求进行保护和绑扎。

（5）单芯软光纤所带的连接器，应按设计要求顺序插入光缆配线架（分配盘）。

（6）未连接软光纤的光缆配线架（分配盘）的接口端部应盖上塑料防尘帽。

（7）软光纤在机架内的盘线应大于规定的曲率半径。

（8）光缆在光纤配线架（ODF）成端处，将金属构件用铜芯聚氯乙烯护套电缆引出，并将其连接到保护地线上。

（9）软光纤应在醒目部位标明方向和序号。

# 参 考 文 献

[1]  张新社,于友成.光网络技术[M].西安:西安电子科技大学出版社,2012.

[2]  曹琦.浅析光纤通信技术的发展趋势[J].中国集体经济,2009(21).

[3]  李振德,由俊玺.光纤通信的发展趋势与市场[J].黑龙江科技信息,2009(8).

[4]  张宾,郗豪辉.光网络技术的发展与展望[J].中国新通信,2012(4).

[5]  王辉,王平,于虹.光纤通信[M].北京:电子工业出版社,2010.

[6]  杨英杰,赵小兰.光纤通信原理及应用[M].北京:电子工业出版社,2011.

[7]  于尚民.WTD领军光器件国际化[N].通信产业报,2010.

[8]  吴启亮.SDH光传输在电力通信中的应用[J].科技传播,2011(24).

[9]  王志强.SDH光传输系统故障分析处理探讨[J].中国新通信,2014(17).

[10]  陈传志.SDH光传输设备的维护[J].电力系统维护,2010(6).

[11]  左鹏.SDH光传输设备在电力系统通信中的应用[J].中国新通信,2014(22).

[12]  吴凤修.SDH技术与设备[M].北京:人民邮电出版社,2006.

[13]  彭志荣.MSTP技术在江门电力通信网改造中的应用[J].电力系统通信,2009.

[14]  吴杰,韦炜.本地传输网优化方案[J].计算机网络.2006.

[15]  王菊.SDH组网演技与网络设计[M].北京:北京邮电大学出版社.2011.

[16]  徐先波.同步复用设备的分析与设计[J].中国科技信息.2008.

[17]  王一强,张三妹.一种基于SDH光网络的DDN实现方案[J].通信技术,2008.

[18]  丁启兰.光波分复用系统结构及应用原理分析[J].中国新通信,2013(4).

[19]  叶海光.密集波分复用技术的应用研究[D].北京:北京邮电大学,2010.

[20]  胡保民,刘德明,黄德修.EPON:下一代宽带光接入网[J].光通信研究,2002.

[21]  李清宇.专家点评:EPON带来了什么?[N].通信产业报,2003.

[22]  邹远安,寿国础.EPON几个关键技术讨论[J].电信科学,2003(1).

[23]  马金元,李凤雷.EPON接入网的关键技术研究[J].中国有线电视,2003(18).

[24]  邹洁.EPON在用户接入网的应用研究[D].北京:北京邮电大学,2007.

[25]  李怀森,张植.新时期"三网融合"发展趋势探析[J].信息与电脑(理论版),2010(4).

[26]  李鹏.三网融合测试[J].电信网技术,2010(7).

[27]  曾静平,李炜炜.国外"三网融合"发展沿革及启示[J],电视研究,2009(10).

[28]  高泽华,王亚龙,张兵,高峰.三网融合的未来发展——全网融合[J],中国新通信.2010(9):
     40-41.

[29]  佛山联通.佛山联通光纤到楼(FTTB)工程设计及建设规范.2009.

[30]  中国联通.中国联通EPON工程设计规范(试行).2009:8-45.

[31]  中国联通.中国联通EPON工程施工及验收规范(试行).2009:6-35.

[32]  朱祥华.现代通信基础与技术[M].北京:人民邮电出版社,2004:32-135.

[33]  Girard A.FTTHPON技术与测试[M].杨柳,译.北京:人民邮电出版社,2007:3-60.

[34]  何炜,刘德明,刘海.10G波分时分混合复用无源光网络设计[J].光通信技术,2010(5).

[35]  殷爱菡,焦曰里,陈燕燕,等.调制码型对WDM-PON混合调制系统性能的影响[J].光通信研
     究,2010(2).

[36]  吴柏钦.综合布线设计与施工[M].北京:人民邮电出版社,2009.

[37]  王庆等.光纤接入网规划设计手册[M].人民邮电出版社,2009.

[38] 肖强.浅谈光缆直埋与光缆敷设过程中的质量控制[J].科技创新导报,2009(19).

[39] 黄小兵.浅析地下光缆交接箱的应用[J].中国新通信,2013(19).

[40] 孙文.光纤扫楼工程项目质量控制研究[D].南京:南京理工大学,2011.

[41] Telgord D,Dunnigan M W,Williams B W. A Novel Torque-Ripple Reduction Strategy for Direct Torque Control[J]. IEEE Transactions Industrial Electronirs,2010.

[42] WeisErik,Holzl,Rainer,et al. GPON FTTH trial-lessons learned[A]. Communications and Photonics Conference and Exhibition(C)[C]. 2009.

[43] Effenberger F,Clearly D,Haran O,et al. An introduction to PON technologies[A]. IEEE Common. Mag,2007,45(3):S17-S25.

[44] Christodoulopoulos K,Tomkos I,Varvarigos E A. Elastic Bandwidth Allocation in Flexible OFDM-Based Optical Networks. Lightwave Technology,Journal of. 2011.

[45] Chen Hongyi,Li Jingzhen Lu Xiaowei,et al. One-sided omnidirectional constant transmission between two isotropic media. Optics Communication,2012.

[46] Alessio Giorgetti,Filippo Cugini,Francesco Paolucci et al. OpenFlow and PCE Architectures in Wavelength Switched Optical Networks. ONDM,2012.

[47] Peng S,Nejabati R,Simeonidou D. Impairment-aware optical network virtualization in single-line-rate and mixed-linerate WDM networks. J Opt Commun Netw,2013.

[48] Amiri I S,Nikoukar A,Ali J. Nonlinear Chaotic Signals Generation and Transmission within an Optical Fiber Communication Link. IOSR Journal of Applied Physics,2013.

[49] Liu Xiang,Chandrasekhar S,Winzer P J,et al. Scrambled coherent superposition for enhanced optical fiber communication in the nonlinear transmission regime. Optics Express,2012.

220